KB074103

현대과학의 기독교적 이해

D. M. 맥케이 지음
이창우 옮김

전파과학사

머리말

오늘날에는 기독교인과 비기독교인을 막론하고 과학이 인생의 도덕적, 종교적인 면과 인생의 궁극적인 목적을 위협하는 것이라고 생각하는 경향이 있다. 그 이유는 현대과학이 등장하기 전까지만 해도 진리의 당의(糖衣)를 입은 종교가 활개를 쳤지만 지금은 그렇지 못하게 되었기 때문이다.

우리 세대의 과학적인 풍토가 과거 세대에 뿌리박고 있던 많은 미신을 멍들게 했다는 말을 부인할 사람은 없을 것이며, 아쉽게 생각할 사람 역시 없을 것이다. 또, 미신과 기독교는 크게 다를 바 없다고 여기는 사람들은 기독교 신앙 자체가 과학이 발달함에 따라 점점 더 큰 타격을 받겠거니 하는 생각을 가지기 쉽다. 그렇다손 치더라도 그것이 조금도 이상하지는 않다. 요즘은 기독교인조차 신앙이 과학적 탐구 정신에 활기를 불어넣기보다는 과학적 진리라는 덫에 걸린 처량한 신세로 전락했다고 생각하기 때문이다. 그러나 엄정한 과학적 자료와 과학의 이름으로 끌어낸 철학적 추론을 기독교 신앙과 구별하는 것은 결코 쉽지만은 않은 일이다.

이 책은 기독교의 후광을 업은 과학이라는 기업의 주식에 투자하려는 기독교인과 그들과 의견을 같이하는 이들의 행위가 과학 시대의 지적인 고결함에 어떤 의미를 부여하는지 의아해하는 비(非)기독교인을 위한 책이다.

이 책은 성서에 따르는 기독 유신론이 제시하는 전체 우주관이 완전무결하다고 주장한다. 즉 한편으로는 자연계를 지배하는 기독교의 교리와 다른 한편으로는 자연과학적 정신과 실험

4

이 본질적으로 기독교 신앙과 필연적인 조화를 이루고 있다는
내용이다.

먼저 일반적으로 과학적인 이해의 접근을 통하여 설명한 후,
나서 특별한 분야, 즉 천지창조와 과학의 법칙, 기적 그리고 인
간의 본성을 알아보려고 한다. 또, 성령께서 어떻게 의심 많은
과학자들을 일상 경험의 의문으로부터 해방시켜 필연적인 신,
지식의 인식으로 이끄는가를 보여 주고자 한다.

이 책은 주로 과거 20여 년간 학생들과 일반인들에게 행한
연설을 기초로 하였으며, 일부는 비기독교 시청자를 전제로 한
영국 BBC방송 원고에서, 또 일부는 기독교인과의 대화에서 출
판이 허용된 부분을 담고 있다.

이 책을 만들기까지 아내와 많은 친구들의 조언과 교정을 거
쳤다. 또한 내 비서 M. A. Steele 양의 부단한 타이핑은 큰
도움이 되었다. 빚이 하나 있다면, 나에게 성서적 신앙의 영향
에서 벗어나 과학적 자유와 정당한 비판적 사고를 인식시켜 준
Utrecht 대학 과학사 교수인 R. Hooykaas 박사의 도와주심
에 대한 사의이다.

이미 출판됐거나 방송된 원고의 사용을 쾌히 허락해 준 BBC
방송국과 각 급 학교의 기독교 교육협의회, 뉴욕과 런던의
Inter-Varsity 출판부에도 감사하는 바이다.

Keele 대학에서
D. M. 맥케이

차례

1장
기계적 사고의 오류

서구만 보더라도 일반인들이 사고(思考)의 자유를 누릴 수 있는 기회는 많지 않았다. 그러나 오늘날의 현대인은 과거 어느 시대보다도 더 자유롭게 활동할 수 있는 광범한 지리적 여건과 부(富)를 누릴 수 있게 되었으며, 대화를 나누고 싶다면 어느 누구와도 대화할 수 있다.

그러나 과학과 기술의 발달이 인간의 자유를 억압하고 파괴하리라는 두려움이 오늘날 같이 팽배했던 적은 일찍이 없었다. 왜 이렇게 되었을까? 과학을 모르고, 과학의 업적을 시기하는 사람들의 반사적인 두려움에서 우러난 것인가?

이와 같이 생각하는 것이 감정적으로 흥분시키는 일인지는 모르지만, 종교적인 측면과 비종교적인 측면에서 생각하는 예민한 사상가들에게 그것은 하나의 경고와도 같은, 피상적인 답변에 지나지 않는다. 틀림없는 것은 현대의 과학 문명이 잘못될 위험에 직면해 있다는 사실이다. 지금까지 있었던 많은 과학의 잘못을 보더라도 병적인 조짐이 현존하고 있다.

내가 생각건대, 우리를 위협하는 것은 「기계적인 사고방식」이라고 생각한다. 그런데 그 병적인 조짐은 사회의 구조적인 문제라기보다는 우리가 처해 있는 사회와 환경에서 지배적으로 작용하고 있는 과학적 사고의 습관, 즉 과학에 대한 선입관 때문일 것이다.

우리 세대는 어떤 문제를 설명할 때, 그들이 알고자 하는 모든 상황을 기계적인 유추에 의해서 인식하고 설명하려 한다. 현대인 중 어느 누구도 이 기계적인 사고와 습관에서 해방된 사람은 없을 것이다.

오늘날은 자연과학(즉 기계공학)을 사물을 설명하는 사고의 표준으로 보는 시각이 많고, 심지어는 자기들이 관심을 가지고 있는 특별한 사건이 지지를 받거나 객관성을 나타내게끔, 가능한 한 과학적인 사고의 틀에다 끼워 맞추려는 경우가 많다.

킬(Keele)대학에 있는 나의 연구소에서는 뇌의 동작연구에 비상한 관심을 가지고 있다는 사실과 우리는 뇌가 기계적인 체계로 연구될 수 있다고 가정한다는 사실을 먼저 밝혀 두고자 한다.

인간행동의 원인과 결과의 상관관계는 물리학이나 생리학적인 관점에서 무리 없이 찾아낼 수 있다. 또한 그보다 더 높은 차원, 정보공학―컴퓨터이론이나 인공 두뇌공학을 포함한 자동 통신 조작의 이론*―심리학에 의해서도 발견된다는 사실이 인간행동의 기계적인 면을 잘 설명해 준다.

그러나 내가 주장하고 싶은 것은 앞에서와 같이 인간의 사고에 기계적으로 접근하는 데는 잘못이 있을 수 있다는 점이다. 과학적인 목적에 의해 채택된 기계적인 사고의 접근을 앞서 지적한 「기계적인 사고」의 오류로까지 받아들인다면 그것은 잘못된 생각이다.

체계를 기계론적으로 묘사하고 분석하는 것과 어떤 상황에 부여할 수 있는 진실하고도 가치 있는 객관적인 설명을 기계적인 유추에 의해서 얻는 지식이라고 주장하는 것은 엄연히 다르다.

「기계적인 사고」는 긍정적인 면보다는 부정적인 면으로 특징지을 수 있다. 예컨대 우리들은 「경제라는 사고의 기계에 부속되어 있는 톱니바퀴들에 불과하다」. 그래서 경제가 파탄상태로

---

* 의사소통이나 통제과학이 컴퓨터이론이나 자동이론에 포함되어 있다.

빠질 때 우리의 경제적 사고는 속수무책이 된다. 또한 우리는 「정치라는 사고의 기계에 부속된 톱니바퀴에 지나지 않는다」. 그래서 우리에게는 진정한 의미에서 선택의 자유가 없으며, 모든 것은 정치도구에 의해서 생각되고 결정된다. 국민선거에서 유권자들은 의사대로 적당한 후보자를 출마시키지 못하기 때문에, 진정한 대표를 선택할 자유가 없다고 불평한다.

앞서 설명한 정치, 경제도구라는 말에는, 정치나 경제가 기계처럼 통제되고 있는 사고의 조직이기 때문에 우리가 마음대로 통제할 수 없다는 의미가 담겨있다.

이 사실을 생각한다면 우리 인간들은 아마 생각하는 사고의 톱니바퀴들의 집합체에 지나지 않을 것이다. 물리학자나 심리학자들은 각기 다른 표현으로 다음과 같은 사실을 주장한다. 우리가 인간을 과학적으로 관찰해 보면 인간 세계의 다른 측면을 분석할 수 있듯이, 인간의 행동을 기계적인 톱니바퀴의 연속체라는 관점에서 분석할 수 있다는 것이다.

그러므로 결론적으로 말하면, 어떤 소녀가 자기의 못생긴 얼굴 모습을 보고, 「그것은 내가 못생겨서 그런 것이 아니에요. 그것은 내 몸의 분비선에 결함이 있기 때문이에요」라고 해서 관심을 끄는 경우와도 같다. 그 소녀에게는 아무 잘못이 없다. 그러면서도 그 소녀는 그런 못난 자신의 얼굴 모습을 단지 과학적으로 묘사해 본다.

우리는 이러한 잘못된 「기계적인 사고방식」에 대해 자세히 살펴볼 수 있을 것이다. 그러나 당장에 그러한 기계적인 사고가 무조건 인간의 비도덕적인 면을 내포하고 있고, 인간을 운명론적으로 비인간화 시키는 것은 아니라는 것 역시 알아야 한

다. 확실히 인간의 기계적인 사고는 인간의 자유에 대한 믿음
과 존엄성에 대해서 장애요인이 되어왔다. 오늘날 종교의 신앙
인이거나 속세에 처해있는 사람이나 할 것 없이 사려 깊은 사
람들은, 인간의 지나친 기계적 사고 때문에 인간이 자유를 보
호하는 데에 장애요인이 되어 왔다고 주장한다.

　나는 머지않아 적당한 기회에 이에 대한 해결책을 찾을 수
있는 방안을 제시하고자 한다. 우선은 우리가 살펴볼 단계로서,
다음과 같은 항목에서 다룰 제목들 속에 내포된 병적 사고의
본성이 무엇인가 파악하고자 하며, 인간의 자유와 존엄성에 대
해 종종 위협이 되어 왔던 그릇된 방법들을 간단히 고찰해 보
고자 한다.

1. 결정론

　결정론이란, 두 가지의 다른 뜻으로 사용되는 다소 애매한
말이다. 그것은 특별한 과학법칙을 일컫는 말로서 과학에 있어
서의 가정, 즉 모든 물리적인 결과는 물리적인 원인이 있다는
과학의 완전한 의미를 지니고 있다. 이 주장은 약간 잘못된 주
장일 수도 있겠지만, 만약 이 주장이 정당한 사실이라고 하더
라도 그 결정론 자체가 인간의 자유와 도덕에 대해 유리하거나
불리할 것은 없다.

　다른 한편으로는 결정론이란 말이 철학적인 의미로도 사용된
다. 여기서는 미래는 이미 결정되어 있기 때문에 우리는 실질
적으로 아무런 선택도 할 수 없다고 본다. 인간들이 느끼는 자

유는 환상에 불과하며, 인간들이 져야 하는 책임은 도덕주의자들이 상상해서 만든 허구에 불과하다고 말이다.

결정론의 두 가지 의미 중에서 「기계적인 사고」의 요소가 되는 것은 후자인 운명론이다. 실제로 운명론은 처음에는 불확실한 과학적인 결정론으로부터 출발하여 나중에 논리적인 뒷받침을 요구하게 된다. 혼돈을 피하기 위해, 나는 후자를 가리켜 「도덕적 결정론」이라고 일컫기로 한다.

이 두 가지 의미 사이에는 혼란이 야기되기 때문에 사람들은 가끔 과학적 결정론을 약화하는 것이 과학적 결정론의 이름을 빌린 도덕적 결정론에 치명타가 되리라고 생각하기 쉽다. 그러나 다음에서 보는 예는 앞에서의 주장이 결코 결정론의 결론이 될 수 없다는 것을 보여준다.

2. 불확정성 원리의 무관성

여러 세기 동안 과학적 결정론은 물리학 특히 뉴턴의 역학(力學)에 그 이론적 근거를 두고 있었다.

여기서는 어떤 천계에 대해, 그 구성물질의 운동 경로를 설명하는 공식이 일단 주어지면, 초기 상태의 경로에서 후기상태의 경로를 예측해 낼 수 있다고 생각한다. 그러므로 어떤 점에서 과거와 현재, 미래를 완전하게 설명하는 데는 뉴턴의 운동방정식이 절대적이다.

그러나 과거 50년 동안, 물리학은 실질적으로 결정론적인 사고방식에 대해 반대 입장을 표명했는데, 많은 사람들은 이 원리를 자유를 주장하는 근거로 삼았다. 어떤 면에서 이 원리는 진실일 것이다.

원자론적 차원에서, 물리학은 아무도 의심하지 않던 어려운 문제에 당면하게 되었다. 왜냐하면 에너지(물리적 계=系들 사이의 인력)는 지금까지는 연속적인 것이라고 생각했었는데, 물리적인 연속체는 분리될 수 없다는 사실이 밝혀졌기 때문이다. 물질에는 어떤 주어진 상태에서 에너지의 교환을 가능하게 하는 「양자」라는 것이 있다. 우리는 원자(또는 다른 물질)를 가지고 어떤 상태의 에너지를 변화시키지 않고는 그 원자를 관찰할 수 없으므로, 양자역학(量子力學)은 우리가 관찰하는 계(System)가 대단히 무질서하다고 주장한다. 그래서 이것이 하이젠베르크(Heisenberg)가 주장한 불확정성에 영향을 미치게 된 것이다.

하이젠베르크의 유명한 「불확정성 원리(1927)」는 다음과 같은 사실을 내포하고 있다. 즉 충돌하려는 두 입자의 정확한 위치와 속력을 알고자 하면, 두 입자가 충돌 후 어떻게 저항할 것인가를 정확하게 알 수 있는 만큼 그 입자의 위치와 속도를 정확하게 측정할 수 없다는 사실이다.

우리가 입자의 위치를 정확히 관찰할수록 속도는 상대적으로 정확하게 잴 수 없게 되며, 반대로 속도를 정확히 재면 위치는 상대적으로 정확하게 잴 수 없게 된다. 이로써, 고전 물리학의 역학이론이 제시한 기본적인 과정(입자 사이의 운동)은 정확히 측정될 수 없다는 것이 밝혀졌다. 시계의 태엽처럼 규칙적이라고만 생각해오던 고전적인 우주관이 허점을 드러내기 시작한 것이다.

불확정성의 원리는 원자물리학의 이론과 실험에 상당한 변화를 가져왔다. 우리가 일반적으로 생각하던 물리적 세계에 대한 사고방식에 있어서의 인과법칙, 즉 모든 사물은 처음 상태로부터 나중 상태를 예언할 수 있다는 것이 유명무실해졌다는 것을 의미하기 때문이다.

그러나 나는 이 불확정성의 원리가 우리가 알고 있는 「도덕적 결정론자」에게는 몹시 부적절하며, 잘못 이끌어진 해답이 될 것이라고 생각한다. 왜냐하면 하이젠베르크의 불확정성의 원리에도 불구하고 시계는 시간을 잘 가리키고 있으며, 태양은 우리가 예언했듯이 여전히 잘 뜨고 있다. 우리가 의존하는 것들은 여전히 믿을 만하기 때문이다.

물리학에 있어서의 불확정성의 원리를 이용해서 인간의 사상적 자유를 회복시키고 「기계적인 사고」에 대항하는 사람들에게는 인간을 대상으로 한 차원에서의 불확정성의 원리는 별 문제가 되지 않는다는 것을 인정해야만 할 것 같다. 왜냐하면 굵은 밧줄의 실오라기 하나를 끊어도 밧줄의 강도는 아무런 변화가 없기 때문이다. 대부분의 물리학자들이 원자론적인 측면에서 불확정성의 원리를 믿고 있지만, 아인슈타인(Einstein)을 비롯한 물리학자들은 인간을 믿을 수 없는 존재에 지나지 않는다고 말했다.

그러므로 물리학적인 불확정성의 원리를 강조하게 되면 「기계적인 사고」에 반기를 들게 되고, 이 세상에 자유가 존재하고 있다는 사상을 회복시키려고 함으로써 그것은 매우 어리석은 짓이 된다.

3. 활력론(생명의 원리)

기계적인 사고에 대해 인간의 사상적 자유를 명확하게 확립하기 위해 때때로 인용되는 제2의 방법이 있다. 그런데 그 방법은 생명체가 무생물과 다른 법칙의 지배를 받는다는 것을 주장하는 것으로서 19세기에는 「활력론」이라고 하는 견해이다.

오늘날에는 활력론을 주장하는 사람은 그 말을 듣기를 싫어한다. 왜냐하면 활력론이란 말이 인정받지 못하는 특수한 이론을 뜻하기 때문이다. 활력론의 일반적인 개념은 아직까지도 변함이 없다. 활력론이란, 우리가 생명체로 구성된 물질을 분석할 때는 기계적인 관점에서 물질을 분석할 때에 세운 가정에 더이상 의존할 수 없다는 주장이다.

생명체의 모든 측면을 아는 데에 필요로 하는 사고방식과 당구공이나 원자물리학을 연구하는 데에 필요로 하는 사고방식 사이에는, 어떤 질적인 차이가 있다고 인정하는 (나중에 주장하고자 하는) 첫 번째 사람일 것이다.

그러나 나는 「기계적인 사고」에 부응하는 것이 새로운 활력론을 채택하는 것이며, 생명체를 연구하는 기계공학자들이 사고의 정상적인 궤도를 벗어나야 한다고 주장하는 것이라고 생각한다면 그것은 큰 오산이라고 생각한다. 그러나 한편, 그런 생각은 한 번쯤은 상상해 볼 만하다. 만약 그러한 생각을 사실로 받아들인다면 나와 같은 일을 하는 사람들에게는 매우 흥미로운 연구가 될 것이다.

생물세포학에서 현대과학이 상상할 수 있고 예언할 수 있는 이론을 가진다면, 그것은 근본적으로 다른 혁신적인 활력론을 발견할 가능성이 있게 된다. 아마 우리는 활력론을 원점으로부터 새로이 활력론을 연구해야 할 것이다.

그러나 자유에 대한 우리의 신념을 이 같은 방법으로 실현하고자 할 때, 우리의 작은 소망에 어떤 근본적인 난점이 있게 된다면 그것은 「기계적인 사고」에 동조하는 사람들에게 무척 나약한 인상을 줄 것만 같다.

이 문제에 대해 좀 더 자세하게 다룰 때까지, 나는 「도덕적 결정론」에 대한 나의 의견과 그에 대한 대답을 잠시 뒤로 미루어 두고자 한다.*

4. 비인간화

한편, 「기계적인 사고방식」은 인간의 존엄성과 고유한 가치를 저하시킨다. 그리고 기계적인 사고방식은 인간을 사물로서 관찰한다. 그러므로 기계적인 사고에 사로잡히게 되면, 그것은 우리가 잘 모르는 사이에 악영향을 미치게 되기 때문에, 그러한 사고의 습성이 잠재적으로 확장되거나 전면적으로 확산될 가능성이 있다. 그렇게 되면 우리는 점점 더 사회의 방관자가 될 위험에 빠지게 된다.

우리는 오늘날, 여러 분야에서 이러한 조짐을 볼 수 있다. 사람들이 다른 「친구를 설득하려 하거나 다른 사람들에게 영향력을 행사하는」 기술을 터득하기 위해서 심지어는 「한 술 더 뜨는」 비인간적이고도 불친절하게 간섭하거나 조정하려는 경향이

---

* 8장을 보라.

있으므로 그들 사이의 우정은 점점 더 얕아져간다.

한편, 가정의 입장에서 보면, 식구(가족)가 서로 개인의 이익을 추구하는 데 있어 장애물로밖에는 여겨지지 않을 위험에 직면하고 있다. 만약 가족 간의 개인적인 이해관계가 원만하다면 가족들은 때때로 한 자리에 모여서 대화를 나눌 것이다. 그러나 여러 가지로 「문화화 된」 우리 사회에서 사회적 상황을 연구하는 사회학자의 입장에서 보면, 어떤 집에서는 개인의 존재 범위가 완전히 다른 사람과의 인간관계에 의해서 존재한다는 어떤 공동체 의식에서 이루어진다는 관념이 놀라울 만큼 쇠퇴되어 가고 있다.

현대인은 가족의 개념을 상실할 위기의 시대에 처해 있다. 2~3세기 전만 하더라도 가족은 부모, 형제뿐만 아니라, 조부모와 시집가기 전의 나이든 고모와 또는 더욱 넓은 의미에서는 친분이 있어 찾아오는 사람들, 또한 이웃까지도 한 가족 공동체로 의식하고 있었다. 그러나 오늘날에 와서는 가족의 개념이 부모, 형제 사이 정도만 여겨져도 다행이다. 하지만 나는 「기계적인 사고방식」이 이와 같은 결과(현상)에 대해 전적으로 책임이 있다고까지는 생각하지 않는다. 어떤 사람은 어린이의 입장에서 볼 때, 그들을 부모로부터 독립시켜준, 교육이나 경제적 부(富)의 증대에서 그 이유를 찾을 것이다.

그러나 기계적인 인간성은 틀림없이 이러한 비인간화되어 가는 사고경향에 대해 수긍하는 입장을 취한다. 비인간화 경향은 또한 과학의 진보와 보조를 맞추어 심화되어 간다고 생각한다. 그들은 전통적인 태도와 전통적인 범주에 속하는 것들을 「전근대적인 과학」으로 받아들인다.

이러한 비인간화 현상은 사회범죄의 분야에 깊숙이 침투해 있다. 심지어는 죄인들이 그들이 한 행동에 비난을 받았다고 해서 인간 존재의 존엄성을 박탈당하는 경우마저도 종종 있다. 나 역시 이러한 사실을 시인한다. 누군가 죄를 저질렀을 때, 그 원인을 알아보기 위해 정신의학적인 고찰을 한다고 하더라도, 그것은 결국 필요 이상의 큰 비중을 둠으로써 인간의 기본권을 침해한다고 생각하기 때문이다. 미래의 사회 개혁자들은 어떤 범인에게 지나친 형벌의 책임을 부과하고 그를 비난하는 것보다 차라리 병자로 보는 것이 훨씬 인간적임을 알게 될 것이다.

그러나 한 인간을 반사회적인 행동을 했다는 단순한 이유만으로써 그를 병자로 규정해서는 안 된다. 그 기계장치의 고장이라는 관점에서 병이 있건 없건 간에 말이다.

8장에서 살펴보게 되겠지만, 나는 사람들의 마음이 고장났기 때문에 죄를 저지른다는 사실에 대해서는 부인하지 않는다. 그러나 우리가 인간의 뇌에 대한 많은 것을 알게 됨에 따라, 뇌의 혼란으로 말미암아 야기되는 인간행동에 대해서는 범인만이 전적으로 그 책임을 질 것이 아니라는 인간의 책임범위를 명확히 규정할 필요가 있다고 생각한다.

나는 아직까지 소홀하게 다루어지기 쉬운 다른 면에 대해 강조하고 싶은 것이 있다. 어떤 사람이 자기가 할 일은 선택하고 실행했을 때, 그의 결정이 반사회적 행동이라고 해서 그를 하나의 죄인으로 취급해야 한다면 그것이야말로 아마도 그 사람의 도덕적인 인간성에 가장 심각한 상처를 안겨주게 될 것이다.

오늘날, 사회가 인간사고의 훈련에 전적인 관심을 쏟고 있음에도 불구하고 우리 사회는 비인간화의 경향으로부터 벗어나지 못하고 있다. 나날이 수천 명의 대학생들이 비인간화에서 탈피하는 데에 관한 수많은 기사를 읽고, 독창적인 것을 추구하고 제창하며 또 그 명쾌한 사고와 행동을 실천하려고 노력하고 있지만 아직도 미흡한 현상을 탈피하지는 못하고 있다.

어떤 면에서는 기계적인 사고방식에 대항해서, 개인적인 사고의 범주를 옹호하기 위한 여러 가지 움직임 또한 있어 왔다. 예컨대 어떤 사람은 우리가 개성이란 어휘를 기계적인 사고의 대명사로 보는 한, 그 어휘를 충분히 사용할 수 있다고 주장한다. 그리고 그런 사람들은 우리가 인간의 죄를 기계적인 조건들에 부합되지 않는 복잡한 상황을 의미하는 것이라고 말할 것이다.

예컨대 「위의 사람을 그런 상황에 처해 있으므로 벌을 주거나 그런 방법으로 다룬다면 그것은 잘못이다. 그의 행동은 사회적으로 오히려 용납될 수 있어야 할 것이다」. 「사랑」에 대해서 말할 때, 그 사랑이 어떤 특정한 방법으로 동성이나 이성과의 교제의 성공만을 의미한다면 그것은 모순이 아닐 수 없다. 니는 이러한 기계적인 사고가 반드시 틀린 것만은 아니라고 주장한다는 점을 밝혀 두고자 한다. 「기계적인 사고방식」에 있어서의 문제는* 사람들이 그 사고방식이 전적으로 「참된」 진리라고 주장하고, 그 외의 모든 것은 그 같은 기계적인 사고를 대신하는 것에 지나지 않는다고 주장하는 데에 있다.

SOS라는 신호가 실제로 도움을 요청하는 호칭이 아니라, 단지 물리적인 신호로서만 묘사한 것을 대신하는 것에 지나지 않는다고 생각한다면 그것은 논리적으로 부당하다.

---

* 4장을 보라.

그러나 한편, 개인적인 용어를 쓴다는 것이 비록 기계공학의 사상에는 맞지 않는다고 하더라도, 그러한 용어가 본질적으로 사람들 사이에 서로를 가장 자 인도하는 역할을 하는 데 중요하기 때문에 그 용어는 정당화되어야 한다고 주장하는 사람이 많다. 예컨대 인간의 자유란 말이 효용 없는 말일지는 모르지만 그 자유는 「쓸모 있는 허구(虛構)」인 것이다. 개성 있는 사람이 어떻게 이 같은 논쟁에 만족할 수 있을까 기대해 본다는 것은 매우 어려운 일일 것이다.

7장에서 나는 비인간화의 작용은 기계적인 사고방식이 무너질 때라야만 없어질 수 있다고 주장하려 한다.

5. 비도덕화

「기계적인 사고방식」의 세 번째 결과는 비도덕화이다.

만약 우리 세대가 결정적인 완전한 사고의 체계를 갖추었다면, 우리는 실제로 우리 세대의 목적을 위해서 어떻게 하는 것이 옳은 것인가라는 의문이 생긴다. 그러나 철학적으로 일치된 견해를 보이기 위해서, 결정론자들은 기계적인 사고가 옳다는 개념을 전적으로 부정해야 한다. 모든 결정론자들이 철학적으로 일치된 견해를 나타내지는 않는다. 여러분들은 사물들이 처해 있는 상태를 살펴봄으로써 그 사물들이 본질적으로 어떤가를 발견해야 한다.

이 보편적인 개념은 오늘날 모든 분야에서 가치추구의 강력하게 요구되고 있고, 우리는 본능적으로 도덕적인 측면에서 중요하다고 인정하게 된다. 그리고 모든 사물은 과학의 개념을 뜻하는 'S—'로 표시하는 과학에 의해서 의문시되거나 불안전한 감정으로부터 우러나오는 하소연에 대한 조작된 대답에 지나지 않는다.

이 같은 사고에 대해 긍정적이지만 부당한 대답이 있다. 여러분들은 어떤 말을 기계적 관념 아래서는 그 정당성을 찾을 수 없다고 하더라도, 그 말을 계속 사용할 필요가 있다고 주장하는 사람들을 만나게 될 것이다. 행위를 가리켜 말할 때 「좋다」, 「나쁘다」고 하는 것은 필요하다. 왜냐하면 만약 여러분들이 그렇게 하지 않으면 사회는 바람직하지 못한 양상을 나타낼 것이기 때문이다.

다양한 방법으로 기계적인 사고의 본질적인 틀 안에서 도덕적 대화의 간격을 유지하려는 시도가 있었다. 그 시도는 중요하지만 회의적이고 등한시하기 쉽다. 핵심은 도덕적인 대화가 무슨 목적으로 중요하게 여겨져야 하는가에 있다. 사람들은 대화의 유용성을 어디에서 찾는단 말인가? 우리가 이것에 대해 알고자 하는 순간, 「기계적인 사고방식」의 비도덕적인 경향의 대항에 적절한 방안을 강구하기 전에는 그 기준을 찾을 가능성이 없다는 것을 알게 된다.

진화론적인 과학은 기껏해야 기계적인 행동을 묘사함으로서 도덕적인 행동을 보여주는 종(種)의 차원을 넘어선다. 도덕의 원천이 될 수 있다고 하는 개념이 기계적인 사고를 인정한다는 것이다. 그러나 그들의 제한된 기계론적 체계 내에서 사고와 행동의 가치를 부여하고 싶어 하는 사람들 사이에서 널리 사용되게 되었다.

　진화론자들이 제시하는 「좋다」, 「유용하다」와 같은 말들의 어원에 대해서 공부해 보자. 그러면 여러분들은 적어도 기본적인 사고의 가치판단이 어떤 상황에서 유래됐다기보다는, 어떤 상황에 기본적인 가치판단을 부여했다는 사실을 알게 될 것이다. 만약 여러분이 이러한 사실을 관대하게 인정하고, 절대적인 가치판단이 과학적인 자료의 일부분이라고 가정한다면, 좋은 것에 관한 그럴싸한 「과학적인」 정의, 예컨대 「어떤 좋은 종(種)이 가장 많이 살아남도록 하는 것」에 동의할 수 있을 것 같이 느껴진다.

　누군가가 이것을 과학적인 자료의 일부분이라고 받아들인다면, 자기희생과 인내와 평화를 이룩하는 사고의 유용성을 보여주는 입장에서 아주 거리가 먼 방법을 채택하는 것이 가능하리라고 생각한다. 그러나 이런 종류의 논리가 순환적 이론이라는 데에 문제가 있다. 그것이 처음부터 살아남는 것이라면 무엇이든지 다 좋은 것으로 규정지어진다고 가정하기 때문이다〔예컨대 만약 나치즘(Nazism)이 존속되었더라면 그것이 좋은 것이었을까?〕.

　진화론적인 과학에 의지하거나 좋은 사고의 규준을 찾기 위해 사물이 발달되어 온 과정을 살펴봄으로써, 우리 세대를 「기계적인 사고방식」으로 비도덕화하는 결과로부터 구제하려는 어떠한 시도도 결국에는 실패하고 말 것이다. 왜 전 세대의 사람들이 이런 사고를 취했고, 저런 사고는 취하지 않았을까 하는 의문을 해보는 다음 세대 사람들은 우리들 세대에서 왜 이러한 논쟁이 논리적인 모순을 안고 있는지를 쉽게 알 수 있을 것이다.

6. 우리는 어디서부터 사고해야 하는가?

내가 주장했듯이 만약에 기계적인 사고의 작용에 대한 이러한 다양한 치료책이 적당하지 않다면, 우리의 비평은 어디서부터 출발해야 할까?

나는 우리가 다시 과학적인 접근, 특히 과학의 발달에 기여한 종교적인 분야를 고찰하는 데서부터 우리의 사고를 비판해야 한다고 믿는다. 왜냐하면 그렇게 함으로써 과학적인 면과, 종교에 근거를 두고 있다고 주장하는 과학과의 「기계적인 사고방식」 사이의 차이점을 알 수 있기 때문이다.

그다음에는 미숙한 사고 경향 때문에 우리가 항상 과학적인 위신을 잃는다고 여겨왔던 논리의 부재를 파헤쳐 보아야 한다. 우리는 그 저변에 만연된 논리적인 오류, 즉 사고의 「축소주의」, 「직선주의」의 붕괴를 발견하게 된다.

이러한 오류의 사실을 알게 될 때, 「기계적인 사고방식」은 완전히 설 자리를 잃게 되고, 우리가 지금까지 비난해 왔던 기계적인 사고의 취약성을 인정하더라도 지나치게 종교적인 면까지 인정할 필요는 없어질 것이다.

끝으로 우리는 인간이 어떻게 기계적인 과학적 사고와 적당히 협상하여 협조할 수 있을까에 대한 의문을 가져야 한다. 특히 우리는 성경을 근거로 한 기독교가 절대적이고 영원하다고 여기는 가치들을 존속시키면서, 오늘날의 기계적인 사고를 긍정적으로 수용할 자세가 되어 있는가를 반성해 보아야 할 것이다. 우리는 우리의 사고의 방향을 바르게 이해하여 다음 세대에 넘겨줌으로써, 그들이 결정론이나 비인간화, 비도덕화의 두려움 없이 과학 문명의 발전을 가속화시킬 수 있게 할 수 있는 전망이 있는지를 반성해야 한다.

만약 끝으로 우리가 계몽주의적인 사상으로 인간이 진정으로 자유롭다는 사실을 확정하게 된다면 그다음에 우리는 그 자유가 「무엇을 위한 자유인가?」에 대한 의문을 가져야 한다. 자유가 통할 수 있는 사회적 환경은 무엇이며, 자유가 어떻게 오늘날의 사람에게 통할 수 있는가? 그 방향을 올바르게 제시할 수 있는지를 반성해야 할 것이다.

2장
과학적인 사고의 습관

기독교인들만이 기계적인 사고방식의 해악에 대해 비난하는
것은 아니다. 많은 무신론자 혹은 불가지론적인 인본(인본)주의
자들도, 역시 과학의 이름으로 인간의 가치에 끼친 악영향에
대해서 더욱 염려하고 있다. 왜냐하면 그들의 대부분이 최근까
지(현재까지도) 'S'로 표현되는 과학을 믿게 되었기 때문이다.

오늘날 독실한 기독교인이면서 일류 과학자들이 많은 것은
사실이다. 그러나 그들은 새로운 과학적 발견을 하나님의 지혜
와 능력의 새로운 발현(發現)으로 생각한다. 그러나 다른 사람들
에게 그런 식으로 이야기하면 아무런 의미가 없고, 특히 「과학
적인 인본주의자」들에게는 그런 것이 얼토당토않은 이야기로
들린다. 왜냐하면 인본주의자는 인간을 만물의 영장(靈長)으로
보고 마침내 인간에게 주인의 자리를 부여하고, 과학의 발전과
정에서 하나님을 축출한 것이 과학이라고 믿기 때문이다. 당분
간 이와 같은 주장에 우리가 찬성할 것인지에 대해서는 신경을
쓰지 말기로 하자.

여기에 대해서 논란하기 전에 우리가 먼저 해야 할 일은, 어
떻게 해서 과학적인 방법이 기독교인과 비기독교인들 모두로부
터 존경을 받게 되었는지를 이해해 보는 일이다. 그리고 우리
시대에 와서 과학이 어떻게 사람들의 종교관을 변화시키게 되
었는가를 알아보기로 하자.

알다시피 과학은 모든 지식에 대한 신앙이고, 이 지식은 기독
교인이거나 비기독교인 이건 간에 고대 권위 있는 자들의 주장
을 인정하게 될 때부터 믿게 되었다. 어떤 주제에 대한 확실성
을 부여하는 방법이 그 주제로부터 인정될 때 과학은 최초의
원리들에 의해 그 지식이 확실한 권위를 얻을 수 있었다. 예를

들어, 만약 당신이 행성들의 운동에 관해서 알고자 했었다면 완전한 운동은 원(圓) 운동뿐이라고 주장한 아리스토텔레스의 첫 번째 원리에 의존했을 것이다. 이에 따르면, 행성들은 완전한계에 존재하므로 그 행성들이 원운동을 한다는 결과가 나온다.

이러한 입장을 승인하기 위해서 새로운 발견들과 새로운 지식을 찾아볼 수 있다. 성경에서 유래한 신학의 방법을 가지고 조정하고 변화시키는 것은 매우 흥미로운 이야기가 된다. 이에 관해서는 후이카스(R. Hooykaas) 교수가 저술한 『현대과학의 발흥과 종교(Religion and the Rise of Modern Science)*』라는 최근의 책에 명쾌하게 밝혀져 있다.

1668년에 영국 학술원을 설립한 취지는 확실한 지식을 얻는 과정에서 그 지식이 새롭고, 확실히 믿을만한 지식인가를 공식적으로 인정하는 데 있었다. 물론 지식의 일반화를 원하는 사람은 같은 시대에 살고 있는 같은 집단의 사람들에게까지도 그 지식을 스스로 일반화시키고 인정받기에는 여러 가지 문제가 대두된다.

하물며 다양한 역사와 다양한 배경을 가진 여러 회원들에 의해서 설립된 영국의 학술원의 처지에서 살펴볼 때, 어느덧 3세기가 지난 지금의 단일한 방법으로 의사의 일치를 규정하려고 한다는 것은 더욱 어렵게 생각된다. 의사의 일치는 불가능할 것이다. 과학자는 시간이 경과함에 따라 성장하고 변화한 지식을 인식할 수 있기 때문에 옛날의 과학자는 오늘날의 선거방법과 같은 방법으로 선택되지나 않았나 하는 의문을 가질지도 모르겠다.

---

* 『종교와 현대과학의 발흥』(스코틀랜드 학술원 출판부, 1972)

모든 지식의 변화와 세대, 인종, 종족을 초월해서 과학자들 사이에는 아주 인상적인 유사점이 있다. 그 유사점이 있다고 하는 사실은 옳으며, 그 많은 유사점이 지속되어 많은 과학자들 간의 의견의 일치가 이룩되어 왔다. 그것들은 우리가 사는 세계의 본질적인 문제에 대한 대답이 되고 있음을 보여준다.

17세기의 개척자들에 의해서 시도된 근대적인 과학적 사고의 접근은 발명이라기보다는 하나의 발견이었다. 발견이라는 말이 보다 「타당하다」는 것은, 과학자들이 자연계의 새로운 어떤 법칙을 만들어 낸 것이 아니고, 우연히 그 법칙을 알게 되었다는 점에 있다. 다른 세대, 즉 이전 세대에서 미처 알지 못했던 지식을 우연히 알게 되었다는 두 가지 증거가 있다.

1. 자연계를 중시함

그렇다면 과학자들은 어떤 점에서 공통점을 갖는가? 기계적인 사고의 습관이란 실제로 어떤 것인가? 역사적으로 볼 때 전자에 대한 대답으로는 과학자들이 자연계를 공부(연구)해 볼 만한 분야로 중시했다는 사실을 들 수 있을 것이다. 그러나 오늘날에는 자연계를 중시한다고 해도 아무도 새롭게 받아들이지는 않을 것이다. 이런 점으로 미루어 보아 자연계를 중시한다는 것은 이미 보편화되었음을 입증하는 것이다.

그리고 두 개의 문화, 즉 과학적인 문화와 인간적인 문화에 대해 이야기할 때, 그 저변에 깔려있는 모든 사실을 인정한다고 하더라도, 현재의 대중은 그들이 느끼는 것보다 훨씬 더 과학적인 사고의 습관에 젖어 있음이 틀림없다. 3세기 전만 하더라도 지식인들이 평범한 사물에 관심을 둔다는 사실은 많은 사람에게 어리석게 느껴졌었다. 그러나 몇몇 뛰어난 사람들은 조물주가 창조한 사물이라면 무엇이든지 그들이 연구할 가치가 있는 것으로 알았고, 그들 주위에 흩어져 있는 가장 보잘 것 없는 사물 속에서도 어떤 질서와 조화를 발견해 냄으로써, 그들의 연구가 보상받을 수 있을 것이라고 믿었다.

플라톤은 물질세계를 무시하고 탁상공론을 좋아하는 현학적 자세를 벗어나 사람들에게 조물주가 기록한 자연에 관한 성경 말씀이 많이 읽혀져야 한다는 강렬한 신앙을 가지고 있었다. 그래서 성경에 있는 것과 마찬가지로 자연을 진실하게 탐구한 사람은 반드시 그 보상을 받았었다.

만약 교회가 과학의 창시자들이 연구한 추론을 확실히 기억하고 있었더라면, 과학자들과 교회 사이에 생기는 불화는 없었을 것이라고 믿는 사람들도 있다. 그러나 과학자들의 연구 과정이 아무리 종교적인 면에 기초를 두었다고 하더라도, 자연계를 중시했다는 것은 자연이 아직도 과학자들의 연구대상으로서 전해 내려오고 있다는 사실을 뜻한다.

과학자는 아무리 이상한 현상을 맞이하더라도 스스로 그 현상에 타당한 설명을 가함으로써 자연에 대해 신빙성을 부여했다. 어떤 과학자들은 그 현상을 일단 숙고한 후 그에 맞는 추론의 과정을 찾아냈다. 경우에 따라서는 다른 상황에 일치하는, 일부 다른 추론을 해냄으로써 전혀 엉뚱한 결과를 얻어내기도 하였다.

2. 경험에의 호소

과학자는 자연의 순리(純理)를 중시하는 것과 밀접한 관계가 있다. 과학자는 정통성을 고집하는 이성적인 논쟁보다도 경험을 더욱 중시한다는 의미이다.

오늘날에도 이성적인 사고의 체계가 공존하고 있는 분야를 볼 수 있는데, 예를 들자면 최근까지 적용되었던 마르크스(Marx)의 사회주의와 뤼생코(Lysenko)의 생물학이다.

그러나 대부분의 과학자들은 자기들의 연구를 독단적인 권위에 호소하기를 싫어한다. 예컨대 행성이 위성을 가지고 있는지 없는지를 알기 위해서는, 아리스토텔레스가 천체에 대해서 설명한 이론으로부터 논의하기보다는 직접 가서 보는 것이 더 확실한 방법이라고 말할 것이다. 사실 그것이 더 확실한 방법이 아닐까?

4세기 전만 하더라도, 아주 지적(知的)이고 솔직한 사람들에게는 그것이 확실한 방법이 될 수 있었다. 왜냐하면 아리스토텔레스의 원리와 체계 아래서는, 관념이 원칙적으로 배제되어 있었기 때문이다. 그래서 갈릴레오가 그의 최신 망원경으로 천체를 관찰한 후, 목성에 위성들이 있는 것을 보았다고 주장했을 때 그들에게는 갈릴레오의 주장이 원둘레가 지름이 π(3.14)보다 더 큰 원을 발견했다고 주장하는 것처럼 들렸다.

즉, 그들은 갈릴레오의 이론이 아리스토텔레스의 이론체계에 어긋나기 때문에 불가능하다고 생각했다. 왜 그들은 갈릴레오의 열정적인 주장을 시험해 보기를 꺼려했을까? 사실 갈릴레오는 자기의 주장을 펼 때까지 모든 정열을 거기에 쏟았다.

우리는 이 예를 좀 더 고찰해 볼 필요가 있을 것 같다. 왜냐하면 그렇게 함으로써 과학적인 원칙, 즉 경험에 호소하는 과학의 원칙이 흔히 입증되는 것이 그렇게 간단하지 않다는 것을 보여주기 때문이다. 우리가 어떤 사실을 시험해 보기 전까지 증거 없이 그 사실을 받아들여서는 안 된다는 태도는 조금은 얼토당토않은 것처럼 보인다.

합리주의적인 경향에서 벗어나지 못한 갈릴레오 자신은 그가 학문적인 이론들에 대해 의문을 제기할 만한 충분한 증거를 갖지 못했기 때문에, 감히 그 당시의 학문적인 이론에 대해 반기를 들 꿈도 꾸지 않았다. 그리고 그는 우리와 마찬가지로 그가 시험해 볼 수 없었던 많은 신앙 위에 근거를 두고 생활해 갔다.

갈릴레오의 태도를 가리켜 과학적이라고 규정한 것은 그가 사물을 증거 없이 받아들이기를 꺼렸기 때문만은 아니다. 그가 지금까지 믿었던 이론에 대해 어떠한 대가를 치르더라도, 그가 경험한 새로운 사실에 완전한 정당성을 부여하려는 의욕 때문이다. 그는 되도록 많은 사실에 접근하려고 노력했다. 그는 하나님이 창조한 자연계에 관한 성경을 읽으면서, 그의 생각을 성경의 내용과 대조하며 사고의 폭을 넓히고, 자신의 잘못된 사고는 교정받기를 원했다.

우리가 갈릴레오처럼 새로운 태도에 내포되어 있는 사고의 자유를 생각한다는 것은 사실상 어려운 일이 되었다. 그것은 이 사고의 자유라는 것이 하나님으로부터의 자유가 아니고, 하나님에 더 복종하는 방향으로의 자유로 느껴지기 때문이다. 따라서 과학자의 종교적 임무는, 사실들을 학문적 이론에 억지로 끼워 맞추려는 대신에 그가 전에 인식했던 사고가 틀렸으면 그것을 기꺼이 교정 받을 마음의 자세를 갖는 것이어야 한다. 「증거 없이 자연을 기술하지 말고 스스로 확인하라」, 이것은 새로운 과학운동을 상징하는 말이었다.

한편, 이 새로운 증거를 수용하는 것과, 오늘날 사이비 과학 자들 즉, 「현재의 과학체계를 와해시킬」, 「새로운 자연법칙」을 끊임없이 가정하는 사람들과의 사이에서 가끔 찾아볼 수 있는 과학의 탐구정신을 확증하는 것이 중요하다. 이러한 사람들은 역시 「의심의 필요성」에 대해 떠들썩하게 강조했던 것이 사실 이다.

그런데 위에서 말한 차이점은 갈릴레오와 그의 동료들이 발 견한 실체들의 압력에 의해 그들의 생각을 바꿨음에 비해, 사 이비 과학자들은 너무나 엄연한 사실들을 그들의 사색적 사고 에다가 자주 끼워 맞추려고 하였다. 과학적 사고에 어떤 압력 이 작용한다는 것은 항상 나쁜 것이다. 물론 압력을 가한다고 해서 새로운 이론들이 바로 사실로 받아들여질 수 있다는 것은 아니다.

새로운 이론이 사실로 받아들여지는 과정은 관찰뿐만 아니라 상상과 통찰력을 합쳐서 이룩된다. 중요한 것은 과학에 있어서 새로운 이론을 주장한 아인슈타인이나 보어(Bohr) 같은 사람이 발견했던 이론도 여러 가지 상상에 의한 비약으로 말미암아 수 집한 증거를 연구하는 과정에서, 지금까지의 한정된 생각을 벗 어나게 되었다는 사실이다. 보수주의적 사고의 원리는 「비약할 필요가 없으면 비약하지 말라」는 것이다. 보수적 사고는 과학 자들의 개방적인 마음가짐에 대한 견제 역할을 하는 데에 꼭 필요하다.

과학이 절대로 필요하고 과학에 의해서 「불가능한」 것이 없다는 것을 배제할 수 없는 것은 사실이지만, 그러나 과학세계에 있어서는 어떠한 이론의 변화도 확고한 증거에 의해서만 받아들여져야 한다. 즉 어떤 이론의 변화도 실험단계를 거치지 않으면 안 된다. 당장에는 그 이론이 인정되지 않더라도 궁극적으로는 인정될 것이다.

3. 추상화작용

과학적 사고방식의 세 번째 특색은 역시 갈릴레오와 그의 동료 과학자들까지 거슬러 올라간다.

여기서 내가 언급하고자 하는 것은 과학자가 여러 다양한 상황에서 인식할 수 있고, 또 당장에는 무한한 특정 세목들을 무시하기도 하는 질량이나 속도, 온도와 같은 몇 가지 추상적인 판단에 관심을 집중하는 습관이 있다는 사실이다.

학생시절, 유머가 풍부한 한 대학 강사가 「질량 M에 해당하는 수학교수가 길이 L인 밧줄 끝에 매달려 자연스럽게 흔들거리고 있다」는 문제를 출제했었다. 공교롭게도 마침 능숙한 등산가였던 학장이 방학 동안 등산을 하다가 이 무안하고 난처한 꼴을 당했던 것이다. 물론 그 농담은 수업 중인 현재의 과학적인 목적을 위해서 단지 그가 「질량 M의 몸체」로 비유되었다. 그가 밧줄 끝에 매달려 흔들리던 때의 놀라움이나 그의 머리카락의 색깔이나 등산화의 생김새, 이 모든 것들은 아무 상관이 없다. 그의 체중과 같은 질량을 가진 어떤 덩치라도 상황은 같앉을 것이며, 똑같은 운동을 보여주었을 것이다.

이러한 양상이 과학적 사고의 힘과 방법이 된다. 과학자가 우연히 결정했거나 공부했던 질량, 속도와 같은 추상적인 성질들에 관심을 집중하면, 그가 전에 보지 못했던 새로운 상황에서 무엇이 일어날 것인가를 예언할 수 있다. 과학자의 위대한 기술은 무엇이 근본적이고 추상적인가를 발견하고, 전에 우연히 경험했던 사실을 새롭게 인식하는 것을 배우는 데에 있다. 즉, 그런 상황을 근본적인 추상적 관점에서 이해하고, 더욱 보편적인 것들의 예로 이해하는 것을 배우는 것이 과학의 추상화이다.

4. 가설과 관찰

가설이라고 하는 것은 과학적 사고방식에 있어서 또 다른 하나의 양상을 보여 준다. 바로 과학적 사고방식의 잠정성이다. 비록 과학자가 내리는 일반적인 결론들이 보통 믿을 만하다 해도, 결코 그것이 확정적인 것은 아니다.

하나의 결론은 하나의 가설로부터 시작된다. 하나의 가설이라고 하는 것을 우리가 가지고 있는 확실한 증거로부터 직접 끌어낼 수는 없지만, 경험으로 미루어 볼 때 있음직한 인상을 주는 아주 예리한 영감을 받는 추측의 일종이다. 과학자가 주장하는 가설이 진실인지를 시험하려면, 과학자는 그가 얻을 수 있을 것이라고 기대하는 결과를 하나도 남김없이 세밀히 작성해야 한다. 이것이 연역적인 단계이다.

그다음으로는 과학자가 어떤 실험에서 얻은 결과가 자기가 주장한 사실과 일치한다면, 그의 가설로부터 나오는 결과들은 가능한 한 명확한 형태로 증명할 수 있도록 인위적으로 고안되고 선택한 방법을 사용한다.

그런 다음, 우리는 관찰의 단계를 거친다. 만약 과학자가 예상했던 것을 발견하지 못한다면, 그는 원점으로 되돌아가서 그의 가설을 수정한 후 새로 관찰을 시작해야 한다. 그리고 만약 그가 예상한 대로의 결과를 얻는다면, 그는 그의 가설이 확인되었다고 공표할 자격이 있다. 그러나 여기서 중요한 것은 그가 예상한 결과를 얻었다고 해서, 그 가설이 전적으로 옳다고 증명할 수는 없다는 사실이다.

우리가 기껏 말할 수 있는 것은 그 가설이 겨우 반론을 면할 수 있다고 인정하는 것이다. 말하자면 가설이 이제까지 모험을 해서 간신히 목적을 이루었다고 볼 수 있다. 대부분의 과학적인 가설이 유효할 때는 냉혹한 투쟁, 즉 「험악하고 야비한 암투 때문에 오래가지 못하는」 경향이 있는데다가 또 쉽게 사라져 버린다. 하나의 가설이 오랫동안 공격을 받게 되면, 다음번의 가설이 성립될 때는 특별히 첫 번째의 가설을 포함하는 경우가 되기 쉽다.

예를 들면 그와 같은 방법으로 아인슈타인의 인력에 관한 이론이 뉴턴의 이론을 포함하고 있다는 점이다.

과학적인 가설을 증명하려고 노력할 때, 그것보다는 한 단계 더 높은 차원의 뉴턴의 법칙과 같은 데서 영향력 있는 귀납적 결과를 증명해 내려고 시도하게 되는데, 그것은 한정된 숫자의 표본을 근거로 해서 마치 마른 풀더미 속에 바늘이 들어있지 않다는 것을 증명하려고 하는 것과 마찬가지다. 단 한 가지의 상반된 관찰이 원칙적으로 당초의 결론을 뒤엎을 수 있는 반면, 아무리 여러 번 원칙을 확인했다고 하더라도 그 가설을 궁극적으로 올바르게 증명했다고 할 수는 없다.

관찰자들이 증명할 수 있는 최선의 방법은 자세히 찾아본 연후에도 도저히 바늘을 찾지 못했다고 말할 수 있을 뿐만 아니라, 다른 어떤 사람이라도 마찬가지로 의심을 품을 수 있는 권리를 갖도록, 당초의 결론을 충분히 반박할 수 있는 권리를 갖도록, 당초의 결론을 충분히 반박할 수 있는 여유를 주면서 중요한 견본을 뽑아서 가능한 한 세밀한 관찰을 해야 한다. 자세히 관찰해도 반대되는 사실을 찾지 못하면 당초의 결론에 더욱 자신감을 갖게 되는 것이 틀림없다.

바꿔 말하면, 과학적인 가설들은 타당한 증명을 발견함으로써 어떤 신임을 얻는 것이 아니라, 정상적인 시험과정을 통해서 여러 각도로부터 시험해도 반증을 찾지 못할 때에 비로소 우리의 신임을 얻게 되는 것이다.

이번에는 고전적인 예를 들어보자. 뉴턴의 제3의 운동 법칙은 자유롭고 움직일 수 있도록 되어 있으면, 장소에 상관없이 또 물체에 상관없이 운동하는 방법을 설명한 것이다. 20세기 초기까지만 하더라도 수천 번의 시험을 했지만, 뉴턴의 제3의 운동법칙을 뒤엎는 데는 실패했다고 말해도 과언이 아니다. 사람들이 그의 법칙들을 너무나 확고히 믿고 있었기 때문에, 철학자 칸트(Kant)는 다른 대안이 있어도 그것을 반대할 것을 전혀 상상조차도 못할 입장이었다.

뉴턴의 일반법칙이 생긴 지 250년이 지나서야 그의 법칙에서

벗어날 수 있는 증거가 나왔다. 적어도 한 가지 경우에 있어서
는 뉴턴의 가설이 증명되지 못했다. 아주 빠른 속력으로 운동하
는 물체들은 그들의 운동을 설명하기 위해 전혀 다른 운동 법
칙을 필요로 했다. 일반법칙으로서의 뉴턴의 공식들은 모든 사
물에 다 들어맞는 것이 아니었고, 따라서 고쳐져야만 했다.

　아인슈타인은 그의 상대성이론을 아주 다른 관점에서 출발시
켰다. 그는 뉴턴의 일반법칙이 실제로 많은 일반적인 가설 중
에서 특별한 경우에만 들어맞는다는 것을 입증해 주었다. 아인
슈타인의 이 상대성이론은 많은 논란 끝에 받아들여졌으며, 많
은 증명이 그의 가설을 입증함으로써 이제는 상대성 이론이 뉴
턴의 가설을 대신해 받아들여지고 있다. 그리고 현재도 이 이
론에 대해서는 많은 사람이 반론을 제기하기 위해 계속 도전하
고 있다.

5. 통계

　증거가 충분하고 명확한 어떤 가설을 시험하기는 매우 간단
하겠지만, 증거가 불충분한 경우에 있어서 과학자가 언제 새로
운 가설로 비약해야 할 것인가를 판단하기란 그렇게 쉬운 일이
아니다. 이런 상황에서 통계가 필요하다.

　주어진 증거를 가지고 새로운 가설로 발전하려면, 긍정적인
입장을 취하면서도 새로운 가설로 발전시키는 것이 성공할 가
능성이 있는가를 먼저 타진하거나 검증해야 한다. 연구자가 원
한다면 그가 지금까지 연구해 왔던 사건들의 부분적인 자료로

부터 전체에 적용시키는 일반화의 과정에 따라서 그 위험성을 타진하는 것이 통계자의 직무라고 할 수 있다.

예를 들어 우리가 농작물의 성장에 끼치는 비료의 영향력에 대해서 조사한다고 가정해 보자. 만약 우리가 대상으로 삼는 작물에 그 실험을 실시해서 그 작물이 키가 자라고 열매가 풍성해진다면 우리는 그 비료의 효능을 인정해주고 싶어질 것이다. 그러나 만약 우리가 아주 훌륭한 과학자들처럼 통계적으로 사고하는 습관에 길들어 있다면 우리는 그러한 효능에 대해 좀 더 조심스러워질 것이다.

10,000그루의 작물에 대해 실험을 실시할 경우, 비료 없이 자란 식물 중 얼마만큼이나 많은 수가 비료를 주고 실험해서 얻은 크기만큼의 성장을 기대할 수 있을까 하는 것과 같은 보수적인 의문을 제기하게 될 것이다. 여기에 대해서는 확실히 많은 수의 작물을 대상으로 시험함으로써 흔히 말하는 「표본조사의 규모를 넓힘으로써」만이 그 성과를 발견할 수 있는 것이다. 그렇게 하기 전까지는 비료를 가지고 재배할 작물에 실험한 결과를 가지고 다르게 평가할 수가 없다.

여러 가지 많은 작물에 대해 실험을 했다고 하더라도 우리가 내리는 결론이 통계적인 의미가 있다는 최소한의 긍지를 갖기 위해서는, 그 실험을 다른 여러 상황 아래서 많은 종류의 작물에도 반복해서 실험해 보아야 한다. 물론 통계적인 사고의 습관 속에서 앞에서 언급한 것이 보다 더 많은 신빙성이 있겠지만, 내가 주장하고 싶은 것은 이러한 사고습관 아래서는 과학자의 독립된 연구를 주장하는 것보다는 여러 종류의 사실(작물, 원자, 인간)에 대한 증거들을 일반화시키고 싶은 것이 당연하다는 사실이다.

전문적인 관점에서 보면 과학자는 개인의 사고를 「전체의 전형적인 표본들」로 간주하고 싶어 한다. 그리고 과학적 사고의 보편적 개념은 「개인의 의사가 중요하지 않다」는 의미를 포함하고 있다. 아마도 과학자는 일상생활에서 사람들을 대할 때에도 이러한 통계적 사고의 태도를 연장하려는 경향이 있을 것이다. 그러나 과학자가 일상생활에서도 전문적인 통계자료를 취해야 한다고 생각하는 것은 얼토당토않은 일이다.

6. 간단한 시험과정의 중요성

과학적인 진술들에 대해 「모든 사람이 도전한다」는 개념이 과학적 태도에 있어서는 더욱더 특징적인 중요성을 가져온다.

어떤 과학적 진술을 대하면 과학자는 그때 어떻게 습관적으로 그 진술이 정당하게 시험 될 수 있는가에 대해 의문을 제기하게 된다. 만약 그 과학자가 그 진술을 시험해 볼 방도를 찾지 못하면, 그는 원칙적으로 그 진술이 어떤 것이든 간에 정당한 과학적 진술로 인정할 수가 없다. 이것은 과학 세계의 독단이라기보다는 과학자가 종사하는 특수한 분야에 있어서의 규율의 정의라고 볼 수 있다.

이러한 규율에 의해서 우리는 과학자 자신이 그의 가설이 어떤 반론에 부딪힐 수 있게끔 항상 그러한 상황을 의도적으로 고안해내기를 기대한다. 그러나 이것이 (과학적 철학자들이 주장했던) 어느 특정한 가설이 모두 적절한 실험을 거쳐야 한다는 뜻은 아니다. 왜냐하면 새로운 관찰을 할 때의 초기단계에 있어서는 먼저 알고 있던 최소한의 관념을 가지고 새로운 가설의 기초를 닦아야 하기 때문이다. 가설이 의미하는 것은 실험을 하는 첫째 목적이 우리가 이미 알고 있는 것을 확인할 뿐만 아니라 미비한 증거를 더욱 확실히 하고, 틀린 점이 있으면 교정하는 것이다. 그리고 실험이란 것은 목적 없이 어떤 자연에 도전하는 것이 아니라 자연에 대한 의문을 제기하는 것이다.

이상적인 실험이란 가능한 성과를 기대하는 실험인데, 만약 그 성과가 나타난다면 그 성과가 여러 면으로 우리의 이해를 증대시키고 우리의 의문을 덜어준다. 그런데 현재의 가설들이 실험에 의해 인정되느냐 인정되지 않느냐를 비교하는 것은 그렇게 중요하지 않다. 왜냐하면 자연이 우리가 믿고 있는 사실을 부정하거나 우리가 이미 아는 것 이상의 것일 때라야만 우리의 과학적 지식이 발전하기 때문이다.

요약하자면 어떤 하나의 가설을 한 종류의 사고의 모형으로 생각할 수 있겠다. 모형이란, 실체에 대해 상대적으로 가정한 것으로서 실험을 함으로써 모형과 실체 사이의 차이점이 우리에게 새로운 지식을 전해주는 것이다. 그리고 그 모형은 우리가 벌써 이해했다고 생각되는 것을 「빼버린다」 그렇게 함으로써 다음 실험을 하기 전에 사고의 모형에 어떤 변화가 일어났는가를 알려주면서 우리가 이제까지 알지 못했던 사실을 더욱 명확히 드러낼 수 있다. 실험이 진행됨에 따라 우리가 만든 모형은 점점 더 실체에 가까워진다.

한편, 논리적인 면에서 과학자들이 자기의 가설이 부적당한 것이더라도 상관하지 않는 사람처럼 보일는지 모르지만, 실제로 그가 오랫동안 믿었던 가설이 부적당하다면 실망하게 마련이다. 왜냐하면 궁극적으로 과학자들의 목표는 새로운 사실을 보고 그것을 기꺼이 받아들일 뿐만 아니라, 미래의 과학자들이나 기술자들이 의존할 수 있는 믿을 만한 지식체계를 튼튼히 세워 놓아야 하는 것이기 때문이다.

하나의 가설이 충분한 시험을 거치고 나면 그것이 과학적인 「법칙」으로 불리기 쉽다. 우리는 이와 같은 예를 뉴턴의 운동 법칙에서 볼 수 있다. 그러나 여기에서의 「법칙」이란 단어의 의미는 확실히 경찰이 집행하는 법률과는 다르다. 과학적인 법칙들은 일어날 것을 규정하는 것이 아니고 일어났던 것을 묘사하는 것이다.

뉴턴이나 아인슈타인의 법칙이 지구는 태양 주위를 회전한다고 했다고 해서 지구가 태양 주위를 회전하는 것은 아니다. 지구는 스스로 자전운동을 하며 과학적인 법칙들은 지구가 어떻게 운동하는가를 묘사하는 일반적인 방법일 뿐이다. 그리고 그 법칙들이 규정하는 모든 것이 우리가 기대하는 것들이다.

만약 기독교인들과 비기독교인들이 이 구분을 명확히 했더라면, 과거의 많은 과학적 사고를 하는 과정에서 혼돈을 피할 수 있었을 것이다. 예컨대 과학적 법칙을 하나님이 정상적으로 추구하는 것을 우리가 묘사한 것이라고 보는 대신, 마치 하나님이 내리신 율법이라고 봄으로써 하나님이 기적을 낳기 위해서 어떻게 자신이 만드신 법칙을 어길 수 있는가에 대한 격렬한 논란이 있었다.*

기독교인인 과학자들이 과학 법칙들을 믿는 가장 큰 이유는

---

* 6장을 보라.

그 법칙들이 그가 전적으로 믿을만하다고 알고 있는 하나님의 활동을 묘사하고 있기 때문이다. 과학자는 또한 하나님이 인간을 창조하실 때 특별하고 전례 없는 활동을 하셨기 때문에 과학자로서의 그가 하나님의 활동이 진실로 놀랍다는 것을 발견할 수 있으며 또한, 믿을 수 있기 때문에 믿는 것이다.

3장
과학적 분리와 개입

과학자는 관찰, 실험과 수학적이고 논리적인 추론과 비판적인 교정에 의해서 인도되고, 계속적으로 총명한 추리력을 향상함으로써 물질세계에 관한 지식을 획득한다.

「과학적인 방법」은 등변 삼각형을 만드는 데도 특별한 방법이 있듯이, 과학을 하는 데도 특별한 방법이 있다는 인상을 주지 않을 수 없으며, 우리는 수학적이고 논리적인 관찰과 추론, 그리고 비판적인 실험을 통틀어 「과학적인 방법」이라고 말할 수 있다. 따라서 진정한 의미의 「과학적인 방법」이라는 것은 없다.

우리가 수학적이고 논리적인 추론을 하는 방법을 배울 수는 있다. 그러나 가설을 만드는 특정한 방법은 없다. 가설을 만드는 것은 하나의 창조적인 활동인데 여기서는 과학자가 예술가처럼 항상 예리한 상상력과 직관을 동원해야 한다. 따라서 과학자는 과학을 하나의 예술로써 배운다. 그러므로 과학자는 과학을 결코 기계적인 연구과정으로만 보아서는 안 된다.

한편, 과학자가 창조적인 과학자가 되기 위해서는 그의 임무를 절대로 떠나서는 안 된다. 그리고 과학자가 자신의 과학을 믿기만 한다면 그는 자신의 직관과 상상력을 총동원해서 그 자신의 과학으로부터 가치 있는 결과를 얻을 수 있다는 신념을 가지고 연구에 몰두해야 한다. 우리의 선배나 열성적인 발명가는 물론이고 기독교인이라 할지라도 이러한 과학 정신으로 과학연구에 전념할 수 있어야 한다.

과학을 연구하는 데는 또 다른 측면이 있는데, 지금까지 이야기한 것을 잘 실천하려면 과학자는 외딴 섬에 따로 떨어져 있어야 적당할 것이다. 그러나 과학적 연구 태도에 있어서의 중요한 특징 중의 하나는 과학의 가치를 공개적으로 관찰할 수 있고, 또 다른 동료 과학자들과 같은 결과에 근거를 두고 서로 협력하는 가운데서 연구하는 태도이다.

누구나 갈릴레오의 망원경을 통해서 목성에 딸린 위성들을 볼 수 있을 것이다(갈릴레오가 가장 협조적인 과학자라는 말은 아니다). 그러나 문제는 과학적인 사건과 현상이 늘 되풀이되지 않는다는 데 있으며, 그 과학자가 보고서를 작성할 때는 그만이 그 사건의 현장에서 목격했다고 하더라도 자기 동료 과학자들과의 협조에 의해서 구체적인 보고서를 작성해야 할 것이다. 따라서 과학자가 경험한 것 중 서로 일치될 수 없는 면들은 아무리 예리한 통찰로써 한 것이라도 공적인 과학의 입장에서는 그 의미를 상실하게 된다.

1. 분리

분리(分離)라고 하는 것은 과학적 사고에 있어서 중요한 양상을 나타내는 것으로서 우리가 세심하게 숙고해볼 부분이다. 왜냐하면 과학적 사고에 있어서는 분리가 역설적(逆說的)인 것이기 때문이다.

과학자가 공적인 사건으로부터 얻은 그의 개인적인 감정의 자료를 그 사건으로부터 독립시켜서 간직하려는 이유는, 그가 그 사건으로부터 어떤 감정을 느끼고 있음에도 불구하고 그 사건을 있는 그대로—그가 없을 때도 그 사건 그대로의 상황을—묘사하고 싶어 하기 때문이다. 이것이 과학자로 하여금 자신이 관찰하고 있는 상황에 방해가 되지 않도록 자신의 감정을 될 수 있는 한 분리시키도록 하는 것이다. 「그 사실로부터 나의 감정을 멀리하라」. 이것이 과학자의 공식적인 좌우명인 것이다.

우리가 1장에서 이미 살펴보았듯이 우리는 실제로 어느 정도한 계에 영향을 미치지 않고서는 다른 계를 결코 관찰할 수 없기 때문에 역설적인 현상이 나타난다. 만약 우리가 관찰한 계가 우리가 나타내고자 하는 계와 차이가 크거나 모호한 경우에는 그런 보고서의 신빙성이란 무시할 수 있을 것이다. 그러나 우리가 만약 상세하게 세부적인 탐색을 하려고 한다면 그 같은 역설에 부딪치게 된다.

여러분이 기억하다시피 원자물리학에서는 이 계가 어떻게 관찰되든 속도에 관해서 아주 불규칙적인 상황에서 측정해야하기 때문에 정확한 위치와 상황을 알려줄 수 없다는 것을 의미한다. 그리고 그러한 역설은 사실로 입증되는데, 게다가 사회과학의 연구에 있어서는 그런 역설 때문에 더욱 곤란을 느끼게 된다. 왜냐하면 인간을 세부적으로 관찰하기란 매우 어렵기 때문이다. 특히 인간에게 질문을 할 경우, 그들에게 질문하기 전의 상태로부터 반드시 어떤 영향을 끼치지 않을 수는 없다.

우리가 어떤 문제에 있어서 「전형적으로 무식한 사람」의 견해를 듣고 싶다고 하자. 그래서 어떤 사람을 골라서 몇 가지 질문을 했다고 하자. 놀랍게도 그 사람은 전형적인 무식꾼으로는 되지 않는다. 왜냐하면 우리는 그 사람으로 하여금 그 문제에 대해 생각하도록 했고, 한정된 질문에 대답을 하게 하기 위해 그 사람으로 하여금 열심히 사고하도록 만들었기 때문이다. 그의 마음 상태를 스스로 관찰하게 함으로써 우리는 그 사람을 본래의 마음 상태로부터 변하게 했다.

그러나 사고의 분리라는 것이 아무리 힘든 일이라 하더라도 그것은 과학적 연구 태도에 있어서 가장 고유한 목표 중의 하나로 되어 있다. 전형적인 과학적 지식은 「외부로부터」의 지식, 즉 관찰자의 입장에서 본 지식이다.

한편, 과학자 한 개인은 사람들과의 관계 속에서나 예술이나 종교의 규범 속에 몸소 참여함으로써 얻을 수 있는 다른 종류의 완전한 지식체계가 있다는 것을(우리가 그것들과 과학적 지식을 구별하는 한) 부정할 수 없으며, 적어도 부정할 과학적인 아무런 이유가 없다. 과학은 우리가 심리작용과 사고의 과정을 이해하는 데 실제로 많은 도움을 주고 있으며, 그러한 작용과정을 원만하게 할 수 있다. 그러나 만약 우리가 분리의 과학적 태도를 그러한 사고의 관계 속에까지 적용시키려 한다면 그것은 모순이다.

따라서 만약 우리가 「내부」에서 오는 어떠한 지식을 알고 싶다면 우리는 「나를 그 지식으로부터 분리 시켜야 한다」는 말을 과학적 사고의 좌우명으로 삼을 수는 없을 것이다. 우리는 역사연구와 같은 비(非) 실험적인 경우에 있어서도 이 같은 종류의 상황이 적용되는 것을 볼 수 있다. 어떤 역사가가 그가 연구하고 있는 시대상황에 상상적으로 뛰어들지 않으면 그는 그 시대상황에 있어서 여러 가지 중요한 부분을 놓치게 된다.

물론 역사가는 그가 읽는 문헌과 같은 객관적인 사료(史料)에 충실해야 한다. 그러나 만약 역사가 자신이 사료들의 이면에 내포된 그 시대의 사람들과 함께 더불어 있노라고 생각함으로써 거기에서 얻을 수 있는 통찰력을 얻어내지 못한다면 그는 역사가로서의 가치가 없을 것이다.

예술이나 종교분야에 있어서는 이것이 더욱 확실하다. 그런 예술이나 종교의 분야에서는 그저 관망만 한다는 것은 우리가 스스로 얻을 수 있는 지식을 포기하는 결과가 된다. 그러므로 만약 우리가 그러한 종교, 예술분야에 관심이 있다면 그 분야에서는 관찰자로서의 우리 자신과 우리가 관찰하는 대상 사이에는 과학적인 차이가 없다는 것을 인식해야 한다. 그러기 위해서는 우리 자신이 참여자의 입장이 되어 그로부터 야기되는 문제를 개인적으로 새롭게 받아들여야 한다.

한편, 과학자의 공적이 태도인 사고의 분리는 그의 실험 방법에 영향을 줄 뿐만 아니라, 그가 기록하고자 하는 개념들에도 반드시 어떤 제약을 준다. 그가 종사하는 분야의 법칙에 따라서 과학적인 묘사에 사용되는 모든 어휘는 외부에서의 관찰자의 입장으로서만 기록되도록 한정되어 있다. 이 같은 법칙에는 잘못된 것이 없으며 과학에 있어서 사고의 법칙은 근본적인 것이다. 따라서 관찰자인 우리를 다른 사람들과 관계시킴으로써 생기는 가장 중요한 문제들은 대부분이 과학적으로는 대답될 수 없음은 물론이고 과학용어로 질문될 수도 없다.

예컨대 성경에서 취급하고 있는 문제들은 대부분이 인간의 입장으로부터 분리된 사고의 문제들이다.

2. 과학의 한계성

사람들은 가끔 이 과학의 한계란 사실이, 과학은 어떤 제한 혹은 「한계」가 있는데 반해 종교는 한계가 없다는 것으로서 표현되곤 한다.

내 생각에 그와 같은 표현은 잘못된 것이다. 나는 그것을 이렇게 표현할 수 있다. 「종교만이 들어올 수 있고 과학은 출입금지」라는 표지가 붙은 담벼락 이쪽에는 과학자들이 있고, 저쪽에는 신학자들이 자리 잡아 서로 자기들이 필요로 하는 것을 구하기 위해 다투고 있는 전쟁터를 연상케 한다. 그러나 여기서의 한계가 물론 지역적인 한계를 의미하는 것은 아니다.

관찰할 수 있는 세계 중에서 과학적 연구의 범위를 벗어나는 것은 없다. 비록 과학자가 그의 전문적인 입장에서 그가 관찰할 수 있는 세계를 잘 인식하지 못하더라도 과학자는 그것을 추구할 권한이 있다. 그가 내리는 결론들은, 비록 좁은 영역에서이지만 적당한 상황에서는 아마 진정한 도움이 될 것이다.

그런데 한계라고 하는 것은 과학자가 그가 연구하고 있는 사건들이나, 이론적으로 어쩔 수 없이 붙잡을 수 없는 요점들을 설명할 때에 사용하는 용어에 있어서의 제한된 표현에서 더욱 잘 나타난다. 그러나 이것이 암암리이거나 「애매하고 확실하지 못한」 사건들에서만 적용된다는 인상을 없애기 위해 부인할 수 없는 실제적이고 광범한 예를 들어보기로 한다.

우리는 연속적으로 전류가 흐름으로써 근저가 형성하게 되어 있는 수백 개의 전구로 구성된 커다란 광고판을 자주 본다. 예컨대 이 같은 것은 피커딜리(Picadilly) 광장에서 「아프리카산 큰 영양(羚羊)은 당신의 건강에 좋다」라고 적힌 광고판을 볼 수 있다고 하자. 만약 우리가 전기기사에게 그의 전문적인 용어로 「간판에 무엇이 씌어 있는가」를 설명해 달라고 부탁했다고 가정하자. 그 전기기사는 전기 용어로 아주 장황하고 친절하게 설명할 것이다. 우리는 어째서, 그리고 어떻게 전구가 반짝이게 되는가를 알게 될 것이고, 우리가 원한다면 그것을 꼭 같이 모방해서 하나 더 만들 수도 있을 것이다.

그런데 어떤 따지기 좋아하는 사람이 그 기사가 아무리 열심히 설명했더라도 광고의 글자에 관한 것에는 언급하지 않았다는 이유로 그가 정성 들여 설명한 것을 불충분하다고 불평을 했다고 하자. 우리는 여기에 대해서 어떻게 평가해야 할까? 하기야 물론 어느 면으로 보면 그의 주장이 옳다. 왜냐하면 간판에는 글자가 있는데, 그 기사는 글자에 대해서는 전혀 언급하지 않았기 때문이다. 그렇다고 해서 그것이 전기기사가 철저하지 못하다거나 「그의 한계를 넘는」 행동이 간판의 어느 부분에 나타났다는 것을 의미한단 말일까? 물론 그렇지는 않다. 설명 끝에 그 글자를 읽을 수 있도록 간판에는 많은 전구가 전기적으로 연결되어 「아프리카산 큰 영양은 당신의 건강에 좋다」라고 적힌 광고를 나타낸다. 이런 설명을 덧붙임으로써 광고의 설명을 좀 더 잘한다는 것은 쓸데없는 짓이다. 그 기사의 설명은 그 자신의 전기적 표현으로서는 아주 완벽한 것이며 어떤 의미에서는 그가 간판 위에 있는 모든 물체와 상황을 설명한 것이다. 더군다나 전구들 중에서 한 개가 잘 작동되지 않을 때 그것에 대한 설명을 부탁할 사람은 광고 자가 아니고 바로 그 전기기사이다. 그러나 그 전기기사는 총괄적인 면에서는 설명하지 않았다. 그러나 그가 총괄적인 설명을 한다면 그것은 그의 영역을 벗어나는 일이고 또 그가 할 일이 아니다.

그의 전기 전문 서적에서는 「광고」의 개념에 관한 설명이 없다. 그래서 전기기사가 설명하지 않은 것이지만 그가 총괄적인 현상을 「설명하는」 광고 글자를 이해하게 되었다고 해서 그 기사를 책망해서는 안 된다. 그 광고는 전기기사가 세부적인 공정을 제거해 버린 다음에도 그대로 글자가 남아있는 것은 아니다. 그 광고는 간판에 붙어있는 전기에 달려있기 때문에 우리는 처음부터 광고의 핵심이 되는 문제를 파악해서 바르게 해명할 수 있는 다른 방법으로 생각함으로써 과학적 발견을 할 수 있다.

만약 여러분이 전기 용어만으로써 그 간판을 묘사할 준비가 되어 있다면, 여러분은 전구와 전선밖에는 볼 수 없을 것이고, 전체적인 것을 묘사할 마음으로 그 간판을 대한다면 여러분은 그 광고의 내용을 총괄적으로 볼 수 있을 것이다. 여기에 관해서는 결코 임의적이거나 독단적인 것은 아니다. 여러분은 각각 개별적으로 묘사하고 있는 글자를 알기만 한다면 그 각자가 묘사하고 있는 것은 실제적인 광고의 글자인 것이다.

이상이 우주를 묘사하는 데 있어서 나에게 과학적인 입장과 기독교적인 입장과의 관계를 설명하는 데에 도움이 되기를 바란다. 그래서 과학자로서의 나의 임무는 과학적인 수준에서 내가 접근할 수 없는 사건은 음미하지 않고서, 가능한 한 물질적인 사건의 형태를 과학적인 용어로써 완전히 묘사하는 데 도움을 주는 것이다. 한편, 기독교인으로서의 나는 똑같은 사건이 하나님 자신의 행위의 일부분으로 더욱더 중요성을 띤다는 것을 알았다.

요약해서 말하자면 나는 우리가 「과학의 한계」를 영역적인 의미에서보다는 방법론적인 의미에서 말할 수 있다고 생각한다. 왜냐하면 관찰자가 분리된 상태에서 사고할 수 있도록 고안된 상태에서 사고의 분리가 불가능할 때는 과학적 접근의 특정한 면들이 자동으로 적용되지 않기 때문이다.

그러므로 내가 주장하고 싶은 것은 과학에 있어서의 한계라는 것은 과학자 스스로가 조장하는 것이라는 점이다. 과학자는 전문적인 입장에서 큰 목표가 있는데 그것은 분리된 방관자의 입장에 서서 하나님의 신비스러운 세계를 많이 알고 이해하는 일이다. 그러나 과학자는 그가 현상의 양상들 속에 묻혀 듦으로써만이 그 현상의 양상들을 더욱더 많이 알 수 있다는 것을 인정해야 한다. 그래서 그런 것들을 알기 위해서는 과학의 지배적인 원칙인 「증거에 접근함으로써」 과학적인 분리를 어쩔 수 없이 무시해야만 한다. 사고의 분리는 단지 상식에 지나지 않는 것 같이 보인다. 그리고 어떤 사람은 (몇몇 사람들은 아직까지 주장하고 있듯이) 「과학적 양심」 때문에 심지어는 종교 문제에 있어서도 공공연하게 접근할 수 있는 증거를 제시하는 데 제약을 받는다. 그렇게 해서 어떻게 솔직한 주장이 될 수 있는지 이해하지 못하는 것이다.

과학자가 그들과 분리된 상태에 있더라도 충분한 상황파악, 즉 공공연하게 관찰할 수 있는 상황에 있어서는 과학적 태도란 것이 기껏해야 논리적인 결론을 내릴 때에만 오로지 양심적인 정직성과 겸손을 보여주는 것일 뿐이라고 말할 수 있다. 그리고 자연계의 모든 사물에 대해 경이로운 관심을 가지는 것이나, 공식적으로 접할 수 있는 자료인 경험에 의해서 기꺼이 교정을 받으려는 자세, 아니면 실체들이 용인되지 않는다면 새로운 결론으로 비약하기를 꺼리게 된다. 그리고 관찰하고 있는 상황에 방해를 끼치지 않도록 조심하는 것은 진정으로 모든 사물의 의문을 캐려는 마음을 가진 사람들에게 최소한의 기대를 할 수 있는 것이다.

그러므로 과학자로 하여금 다른 사람들처럼 자유스럽게 한 인간으로서 개인의 사생활에 몰두하도록 버려둔 채로 과학이 자취를 감춰 버리는 것은 과학적인 사고의 분리가 필요한 자료에 접근하는 것을 허용하지 않을 때만 그러하다.

4장

말단 지엽주의와 여러 가지 위험들

우리는 앞에서 과학적 사고의 여러 가지 중요한 양상들에 대해 살펴보았다. 또 과학자는 물질세계에 관한 믿을 만한 지식을 얻는 방법으로서 이성이나 권위보다는 경험에 호소한다는 사실을 알았다. 또한 과학자의 결론들이 실험에 접하고 그 실험에서 정당성을 인정받아야만 과학적으로 가치가 있다고 하는 것을 알게 되었다. 그리고 과학자는 여러 상황들을 분리된 사고의 방법으로써 그들의 추상적인 성질을 분해한다. 그리고 또한 과학자는—놀라울 정도로 성공적으로—자연의 사실들을 기계적인 모형에 끼워 맞추려고 한다.

그러나 본질적으로 이 원칙들이 물질현상이 연구에 적용되면 물질현상에 대해 결코 반종교적인 것으로는 되지 않는다. 왜냐하면 이 원칙들이 아주 독실한 신자에게 의해서 발전되었기 때문이다. 그러면 어떻게 해서 과학과 과학적 사고의 습관이 당대의 많은 사람들의 종교적인 믿음에 장애요인으로 등장하게 되었는가?

과학세계에서만 적용되는 자체적인 제한성들에 대해서도 언급했었지만, 가장 중요한 원인은 이 과학적 제한의 원칙들이 우리들의 사고에서 습관화되어 있으면 그것들을 다른 분야에까지 적용시키려는 것은 당연하기 때문이다. 그런데 신학에 있어서의 대부분의 진술들이 이 과학적인 사고의 규준에는 잘 맞지 않는다. 과학적인 결론들은 원칙적으로 실험에 의해서만 증명된다.

전형적인 신앙 고백인—예수는 하나님으로부터 우리를 구원하시기 위해 우리 대신 죽었다—이것을 실험한다는 것은 도저히 불가능하다. 만약 우리가 일상생활에 직접 관계되는 주장들, 다시 말해서 「모든 사물들이 하나님을 사랑하는 사람에게는 이롭게 작용한다」에 대해 고집한다고 하더라도, 그 주장들이 비록 기독교인 개개인의 경험에 의해서 잘 증명될지는 모르지만, 외부의 관찰자의 입장으로서는 그것들을 결정적으로 확인하거나 부인할 수 있는 실험을 한다는 것은 정말로 어렵다.

그리고 우리가 살펴보았듯이 과학자는 자기가 관찰하는 상황으로부터 가능한 한 자신을 분리시켜 멀리 떨어져서 관찰함으로써 그 실제 상황에 관한 과학적 지식을 터득한다. 그러나 기독교 복음서에서는 우리가 하나님을 알 수 없다고 씌어있다. 따라서 이것은 연구실에서의 실험에 의해서라기보다는 우리의 우정이나 결혼에 의해서 이해할 수 있는 것으로 볼 수 있다.

또한 과학적인 믿음은 그것이 당연한 권위에 있다기보다는 인간의 관찰에 근거를 두지 않으면 그 근거가 아무 것도 증명할 수 없는데 반해, 기독교적인 믿음은 하나님이 계시하신 말씀이 하나님의 독창성에 근거를 두고 있다는 것이다. 그 기독교적인 믿음이 없이는 우리는 하나님에 대해서 아무 것도 알 수가 없다.

물론 기독교인은 하나님에 관해서 자신의 체험으로써 알았고, 하나님의 말씀대로 하나님을 알게 되었다고 주장한다—혹은 주장할 수 있다—그렇지만 기독교적인 신학의—그리고 대부분의 다른 종교의 신학의—많은 부분이 권위에 의해서 씌어졌다고 인정해야 한다. 그리고 신학이 인간의 관찰만으로써 추론될 수 있다고 하는 것은 확실히 잘못된 생각이다.

따라서 이러한 과학적인 사고의 습관들을 가진 이들이 그의 인생의 모든 면에 종교적인 교리를 적용시키려 한다면 그런 사람들은 종교적인 교리에 있어서 만족스러운 결과를 얻지 못할 것 역시 뻔하다. 그리고 과학적으로 사고하는 철학자들이 종교적인 교리를 믿어 보려고 시도했다가 기독교적인 신앙으로부터 발길을 돌리게 되었다고 해서 놀라운 일도 아니다.

어떤 사람들은—나도 그런 사람 중의 하나라고 고백한다—만약 여러분이 관찰할 수 있는 물질적인 사물을 분리된 사고의 방법으로 연구하기 위해, 이 진보된 과학적인 규준들을 하나님에 대한 인간적인 지식과 관계되는 신앙의 영역 속으로 끌어들인 다면, 여러분은 그 두 관계에서 갈등을 찾아볼 수 없을 것이고 둘 중에서 어느 하나를 선택하게 된다.

즉 그것들은 종교적인 접근과 과학적인 접근이 상반되는 것이 아니고 각자 다른 측면에서 경험된 부분에 대해 서로가 무시하는 것은 오히려 서로의 보충적인 관계라고 주장할 수 있을 것이다. 그리고 그것들은 기독교적인 신앙이 진실이라고 하더라도 만약 여러분 중에 누가 그것을 과학적인 사고의 틀에 끼워 맞추려고 한다면 기독교 신앙을 충분히 이해할 수가 없다고 주장한다. 이것은 초기 과학자들이 자연계의 사실들을 아리스토텔레스의 철학적인 틀에 끼워 맞추려고 한 데에 반기를 든 것과 같은 것이다. 나는 이것이 아주 정당하다고 생각한다.

그렇다면 왜 오늘날, 그렇게 많은 사람들이(과학이라는 이름 아래서) 하나님은 존재하지 않으며 우리의 생활과 무관하다고 여기는 방향으로 이끌리게 되는가고 의문이 생길 것이다. 물론 과학이 발전한 시대 이전에도 하나님이 없다고 생각하는 생활이 더욱 매력적이라는 것은 많은 사람들이 알고 있었다. 그러나 이같이 신의 존재를 부정하는 데에 특히 기여한 것은 과학

자체의 두 가지 특징 때문이라고 생각한다.

그 첫째가 바로 과학의 놀라운 힘인 것이다. 과학에 있어서의 힘이란, 생소한 상황을 우리가 이미 알고 있는 에너지와 질량의 속도 사이의 관계와 같은 성분들로 분해시키는 것이다. 그런데 과학은 물론 반종교적인 개념이 아니었다. 후란시스 베이컨(Fransis Bacon)과 같은 초기의 과학철학자들은 이 점에 대해 후세의 많은 과학철학자들보다 더 명석한 판단을 내린 바 있다. 베이컨은 말하기를 「자연의 질서와 섭리는 우리가 아무리 모든 물질적인 원인 상태를 추적할 수 있다고 하더라도 전적으로 모든 경우가 하나님에 의한 것」이라고 주장했다.

그러나 특히 18~19세기의 신학자들이나 과학자들은 모두가 베이컨이 주장한 사실을 몰랐던 것 같다. 그러므로 우리는 하나님이 물질의 해명을 할 수 없을 때에 채택하는 다른 해석의 하나로서 과학을 받아들이는 것이라는 생각이 점점 짙어지고 있음을 본다. 다시 한번 말하지만, 위의 결과는 필연적인 것이었다. 왜냐하면 원인과 결과의 과학적인 해명에 있어서 일어나는 오차를 수정할 때마다 그것을 하나님의 궁극적인 섭리로 생각하기보다는 「과학을 발전시키는」 초석으로 생각했기 때문이다.

그 점에 대해서는 아무런 의심도 없었다. 만약 여러분이 하나님을 이해할 수 없는 물질적인 현상을 해석하는 도구로 생각한다면, 과학이 모든 면에서 하나님보다 더 훌륭하고 더 만족스러운 존재가 될 것은 틀림없다. 그러나 과학은 인생의 목적과 죽음의 중요성과 내세(來世)와 같은 궁극적인 문제에 대해서는 아무런 해답도 주지 못했다. 그러면서도 과학은 이 같은 종교 문제에 대해 질문을 받으면 그것들은 「아무런 의미가 없다」

혹은 최소한 「과학적으로는 아무런 의미가 없다」고 말함으로써 질문을 피해왔다. 그리하여 이 같은 어려운 문제에도 불구하고 과학을 최고처럼 여겨왔다.

1. 말단 지엽주의

그동안 종교가 과학을 해명하는 점에서 과학에 뒤졌을 뿐만 아니라, 반종교적인 변증론자(弁證論者)에 의해서 허세를 부리던 종교적인 정체가 폭로되었다고 하는 인상이 그동안 팽배해 왔다. 기독교인들은 이 세계가 하나님에 의해서 창조되었다고 믿고 있는데 반해, 과학(S로 표시되는)은 「진실로」「실체가」「단지」원자들의 우연한 집적에 지나지 않는다는 것을 보여 주었다. 그리고 기독교인들은 하나님이 비를 내리게 하고, 나날이 먹을 양식을 주시는 것을 감사하게 생각하는 데 반해, 과학은 농사의 순환과정을 「단지」 오묘한 물질작용의 결과로써 해명한다.

또한 기독교인들은 그들의 일상생활을 하나님이 돌보아주시는 증거를 가지고 있다고 믿는 데 반해, 과학은 당장은 아니라도 그것은 곧 그들의 심리기구(心理機構)의 과정으로 축소될 수 있다고 주장한다.

이러한 모든 것들이 내포하고 있는 의미는 종교가 기만하거나 허세를 부리다가 권위를 상실하게 되었음을 의미하는 것이며, 과학은 이제 그 종교의 정체를 폭로하고 있음을 드러낸다.

제일 먼저 우선 18~19세기의 몇몇 기독교 변증론자들은 그들이 과학적인 해명을 할 수 없다고 생각하는 현상들로부터

「하나님의 존재에 관한 논증」을 함으로써—결과적으로는 그들과 견해를 달리하는 사람들이 세운 잘못된 가정에 동조하게 되었고, 또 고무시켜 주면서—스스로 화를 초래했음을 인정하지 않을 수 없다. 그 논쟁에서 가장 지독한 혼란의 예가 우리가 다시 5장에서 살펴보게 될 다윈의 진화론 논쟁일 것이다.

그러나 아무리 다윈의 공격에 대해 변명을 한다고 할지라도 그러한 주장의 기조를 이루는 논리적 결함은 이미 극심하게 드러났다. 약 20년 전에 나는 그것을 「말단 지엽주의(末端枝葉主義)」라고 불렀고 현대철학에서는 「존재론적 환원주의」라는 명칭이 주어졌다.

말단 지엽주의는 어떤 현상이든 사실의 본질들을 존재로 환원시킴으로써 그것을 설명할 뿐만 아니라, 존재의 해명을 멀리 벗어날 수 있다는 생각이다. 그러므로 여러분이 말단 지엽주의에 따를 것 같으면 사랑이나 용기나 죄와 같은 것의 정체를, 사랑이나 용기나 죄의 상태에 있을 때의 행동의 근거를 심리적이나 생리적인 과정을 발견함으로써 밝힐 수 있을 것이다.*

다행인 것은, 이런 식의 사고가 잘못이라고 생각하는 사람들이 기독교인들뿐만 아니라 비기독교인들에 의해서도 점차 늘고 있다는 사실이다. 그것은 우리가 3장에서 살펴본 광고 간판의 예에서도 알 수 있다. 제정신을 가진 전기기사라면(간판에 있는 글자를 언급하지 않았더라도) 그가 광고의 설명을 할 수 있다고 해서 그것이 곧 광고가 존재할 수 없는 증거라고는 생각하지 못할 것이다.

한편, 그가 전달하려는 광고의 내용이 실존한다는 사실을 주

---

* 7장을 보라.

장하기 위해서 전기기사의 전기적인 완전한 설명을 부정해야 한다고는 생각하지 않을 것이다.

그렇다하더라도 과학이 나타나기 전, 믿음이 과학이 제시하는 설명에 의해 거짓임이 판명된 사항들도 있다. 예를 들어 언청이의 출생에 대해서 언급할 때 이제 우리는 언청이의 어머니가 우연히 산토끼를 만났기 때문에 일어난 유전적인 사건으로는 설명할 수 없다. 그렇다면 무엇이 유전의 차이를 낳는가? 어째서 유전은 「말단 지엽적인」 문제가 되는가? 이에 대한 적절한 실험은 언청이의 출생에 관한 과학자의 주장과, 미리 주어진 어떤 형식에 따른 전구의 신호에 관한 과학자의 주장 사이의 차이점을 보아야 한다. 언청이의 출생과 전구의 신호에 관한 설명에 있어 서로 달라져야만 하는가에 대해 의문을 제기하는 것이다. 어머니가 산토끼를 만난 것과는 관계없이 언청이가 태어날 확률은 똑같았을 것이라고 유전학자는 주장한다. 그러나 광고의 내용이 달랐더라면 번쩍이는 전구의 신호가 같을 수는 없었을 것이다. 그래서 아주 면밀한 기계공작의 관점에서 추적하면 유전적인 이야기가 일반적으로 언청이에 관한 이야기의 거짓을 밝혀내는 데 반해, 전기기사의 이야기도 똑같이 기계공작의 신호만 알게 되면 그것도 역시 일반적으로 인정된 글자를 확실하게 나타내준다.

그러나 만약 누군가 기계장치가 고장이 나서 전구가 제멋대로 번쩍이는데도 영문으로 된 광고 내용을 읽었다고 주장한다면 그의 주장이 거짓임이 밝혀질 것이다. 왜냐하면 전기기사는 그 광고판에서 이미 전기적인 운동과 정해진 광고 내용 사이에 상호관련이 있다는 증거가 없기 때문이다.

2. 축소주의의 모순

우리는 「환원주의」란 말이 사물들을 이해하기 위해서 사물들을 아주 작은 부분들로 축소해서 받아들이는 매우 정립된 과학적인 습관을 뜻한다는 것을 알아야 한다. 그래서 화학자들은 분자들을 원자의 핵과 전자로 분해함으로써 분자들의 운동을 이해하려고 한다. 그러나 본질적으로 환원주의가 말단 지엽적인 것을 의미하는 것은 아니다.

예를 들어, 생물학에 있어서는 생물학자가 모든 생물학 분야의 문제들이 화학이나 물리학의 용어로써 다루어질 수 있다고 생각할 때 위험하다. 왜냐하면 실제로 생물학자가 관심을 가지고 있는 중요한 개념의 문제에 대해서는 물리학이나 화학에서는 용어가 없기 때문이다.

예를 들어 생물학적인 「적응」에 해당하는 화학이나 물리학적인 용어는 무엇인가? 얼핏 보면 대답은 간단할 것 같이 보인다. 즉 화학자나 물리학자는 그 환경에 잘 적응되는 동물 안에서 원자들이나 분자들이 활동하고 있는 것으로써 설명할 수 있을 것 같다. 그러나 그것이 물리학적인 「적응」의 개념이 될 수 있을까? 물론 그렇지는 않다. 실제로 물리학에 있어서 「광고」의 개념이란 전기이론에는 아무런 의미가 없다는 것과 같은 이유 때문에 물리학에서는 실제로 그것이 아무런 의미가 없다. 광고는 다른 각도로부터 접근시켜야 한다.

다시 말해서 광고와 전기기사의 타당성을 부정하지 말고 다른 측면에서 접근하고 정의해야 한다. 만약 생물학자에게 강제로 물리학적 수준에서 이야기하라고 한다면 생물학자는 가장

특징적인 문제들을 해결하기는커녕 그 문제들을 제시할 수조차
도 없을 것이다. 그러나 그 어려운 문제의 생물학적 용어를 물
리학사전에다 첨가하기만 하면 해결될 수 있다고 주장할 수도
있지만, 그 주장은 문제의 핵심을 빠뜨린 것이 되고 말았다.

좀 더 확실하고 책임 있게 해명해 보자. 요컨대 물리학에는
적응에 해당하는 어휘가 없다는 말이 아니라, 물리학적인 접근
에 있어서의 적응이라는 개념이 정의될 수 없다.

물리학은 어떤 현상을 작은 부분으로 축소시켜서 받아들이는
특별한 방법을 일컫는 것이다. 어떤 현상을 물리학적인 「미립
자」로 축소해 버리고 나면, 생물학적 적응과 같은 용어를 사용
할 때에 중요시되는 「전체」라는 개념을 상실하게 된다.

3. 과학의 명성

하나님 대신 과학을 신임하게 된 두 번째 중요한 요인은 응
용과학과 과학기술의 지나친 명성 때문이다. 과학자들이 분리
된 사고를 통해 규칙성 있는 지식을 추구함으로써 그들은 지난
수 세기 전에는 볼 수 없었던 광범한 적용 범위로 신뢰를 얻었
으며 거대하고 폭발적으로 늘어나는 과학지식을 얻게 되었다.

그러나 공해방지와 자연보호 운동이 한창인 현대에 와서는
이 사실을 과소평가하지 않을 수는 없다. 노골적으로 표현하자
면(많은 무신론적 옹호자들이 쓰기 좋아하는 표현) 과학 시대 이전
에 흉년이 들지나 않을까고 염려하던 사람은 하나님에 의지하
는 방법 이외에는 다른 방도가 없었다. 그 시대의 사람이 질병

과 전염병에 대항하는 유일한 방도는 오직 기도뿐이었다.

그러나 그들이 원하는 것을 얻는 방도로 여겨졌던 기도가 결코 과학적인 비료나 방부제만큼은 효율적이지 못하다는 사실이 정당한 경로를 통해서 증명되자, 사람들은 그것을 기독교 신앙에 대한 위신의 실추로 받아들였다.

나는, 기도라는 것이 사람들이 원하는 것을 전부 얻을 수 있는 방법이라고 주장할 수는 없음을 인정한다. 그리고 과학적인 발견들 그 자체가 농작물만큼이나 하나님의 크신 선물이라고 생각한다. 그러나 하나님을 부속물로 취급하는 데에 익숙한 사람들은 그들의 기대를 과학에 겸으로써 더 만족할 만한 결과를 얻게 됨을 알고, 그들의 기대를 위해서는 빌 필요가 없기 때문에 과학을 더 좋게 받아들이게 된다는 사실이 문제로 남게 되었다.

무신론자들이 이 같은 주장을 하는 것에 대해서, 기독교인들은 과학이 아직까지 무방비상태로 방치해 둔 엄청난 재난과 전적으로 물질적 자원에만 의존하는 것을 비판하고 싶어 할 것이다.

그러나 그러한 반응이 실제로 정당하고 논리상으로는 옳다고 하더라도 문맥(文脈)상으로는 잘못 적용되었다고 생각한다. 왜냐하면 우리가 기도를 하는 것은 우리가 쓰는 자원이 부족하다거나 더욱이 한계가 있어서 그런 것이 아니고 하나님이 정상적으로 우리의 기도에 응답하는 것도 우리가 가진 자원 내에서 응답하시기 때문이다. 「오늘날 우리에게 일용할 양식을 주옵시고」 이것은 비상시뿐만 아닌 매일의 청원인 것이다. 더군다나 기독교인들은 과학이 가져다준 물질적인 부(富)—이 물질적인 부를 균등하게 분배하는 데 있어서 인간이 무능하고 또 꺼려함으로써 그 부로 하여금 인간의 영혼을 질식시켜 영원한 죽음이 상태로 몰아놓는 것에 대해 아무리 비난할만하다 하더라도, 그 물질적인 부를 멸시할 성서적인 근거는 갖고 있지 않다.

만약 우리가 성서적인 입장에서 사고하고자 한다면, 우리는 이러한 면에서 누적되어 온 과학의 오점으로부터 좋은 인상을 되찾기 위해, 그리고 인간으로 하여금 하나님에 대한 감사의 표시로서 그를 즐거워할 수 있도록 언제나 위대하고 무한한 가치가 있는 하나님의 선물을 이용할 수 있는 방도로서 과학의 궁극적인 면을 실현시키기 위해서라도 열심히 노력해야 할 것이다.

과학적인 사고의 습관과 과학의 발달로 말미암아 사람들이 종교를 대하는 태도가 변하게 된 데 대해서는 할 말이 많으리라고 생각한다. 그러나 이것은 너무 광범한 이야기가 될 것이므로 여기서는 생략하기로 한다.

나는 적어도 자연을 해명하고 그것을 다스릴 수 있는 과학의 힘에 의해서 고무적인 열정과 신중하고도 자신감에 넘치는 낙관주의적 감정을 어느 정도는 느낄 수 있으리라고 기대한다. 왜냐하면 아무리 우리가 사람들과 의견을 달리한다 하더라도 기독교인들은 반드시 그들의 견해가 무엇인지를 알아야 한다. 우리가 과학적 발전이 가져올 수 있는 진정한 민족을 그들과 함께 느끼지 못한다면 우리는 결코 그 사람들이 주장하는 것을 이해할 수 없을 것이다.

만약 하나님이 없는 생활에 장해가 많다고 하더라도—기독교의 주장이 옳다고 한다면, 거기엔 아주 큰 장해가 있다—성서에 입각한 종교가 물질적인 욕망을 충족시켜 주는 도구라는 입장에서는 종교도 과학보다 나을 수 없고, 낮다고 주장할 수도 없다. 즉 종교는 우리가 진리에 충실하다는 관점에서 받아들이지만 그것은 우리가 원하는 것을 우리에게 제공하기보다는 우리의 생각과 요구를 변화시키는 데에 관여하고 있기 때문이다. 이 점을 인식하지 못하면 기독교의 「부당성」에 관한 오늘날의 많은 논란을 자초하게 된다.

이러한 과정을 거쳐서 그들이 우월하다는 감정을 바꾼 기독교인들은, 과학적 발견의 역사에 의해서 고무되고 있는 환희와 경이감을 가지고 과학이 겸손하게 그리고 동정적으로 적용된다면 우리는 과학이 아직까지 끼치고 있는 종교에 대한 오해를 조금도 경감하지 말고 똑바로 그리고 명확하게 기록해야 할 것이다.

5장

하나님이냐? 우연이냐?

「나는 이렇게 경이로운 세계가 결코 우연히 생길 수는 없다고 확신한다. 그 이면에는 반드시 설계자의 뜻이 숨어 있음이 틀림없다」고 생각한다. 우리는 과학이나 종교에서 이 같은 논쟁을 여러 번 들었을 것이다.

이 같은 논쟁이 지상(紙上)에는 얼마든지 많이 등장한다. 그리고 100여 년 전에 출판된 『종의 기원』이란 책에서는 그 당시의 역사의 소용돌이 속에서 커다란 성과를 거두고 실재의 문제를 캐내려고 하다가 오늘날의 믿음이 없는 시대에 이르게 되었다. 진실한 기독교인들과는 반대 입장인 유물론적 변증론 자는 이 같은 문제를 놓고 논란을 벌이며 일생 동안을 지내왔다.

그리고 그들은 종의 기원에 대해 「종교」와 「과학」과의 차이점에 대해 논쟁했다. 따라서 100년이 지난 지금, 양자에 의해서 의심 없이 받아들여진 것은 어느 것이냐고 묻는 것은 무례한 것처럼 느껴질 것이다. 그러나 양자 중에서 어느 것이 정당화되었는가? 정반대인 「하나님」과 「우연」 사이의 개념 중 어느 것이 성서적인 개념인가?

만약 그것들이 성서적인 개념이 아니라면 기독교인들은 그 두 입장을 비호할 책임이 없다. 그렇다면 우리는 진화론과 우연히 여러 분야에 끼친 영향에 대해서 어떻게 숙고해야 할 것인가?

1. 우연의 두 가지 종류

우리는 「우연」이란 말이 내포하는 두 가지의 다른 개념을 이해함으로써 앞에서의 문제에 대한 첫 단서를 잡아 보기로 하자.

(1) 과학에서는 사건들 사이에 개재된 무의미한 인과관계를 우연이라는 용어로 사용한다. 예를 들어 동전을 던졌을 때 나오는 앞뒤면, 라듐 원자의 붕괴, 유전자의 돌연변이 등은 「우연」한 사건들인데, 그 속에서는 그 사건을 특정한 방법으로 설명하려고 해도 그 전의 인과관계를 알 수가 없다.

(2) 그러나 흔히 사용되는 우연이라는 낱말은 질서의 반대 명제인 무질서―「맹목적인 우연」의 의미를 띠는 경향이 있다. 우리의 조상들은 우연이란 말을 사용하기를 꺼렸으나 무신론적인 과학자들은, 과학의 이름으로 비호될 수 있다고 느꼈기 때문에 우연이라는 말을 하나님 대신 형이상학적으로 인격화된 개념처럼 사용하기도 했다.

10세기의 생물학계에서 「우연」의 기능 역할에 대해 논쟁했을 때는 그 낱말의 두 가지 개념이 혼동을 일으켜서, 성경이, 전적으로 전문적이고 논리적인 과학의 중립적인 개념의 정당성을 부인했다는 평을(놀랍게도 종교, 과학 양쪽으로부터) 받은 데 반해, 「과학」은 어떠한 생물학적 사실도 정당화시킬 수 없는 형이상학적 주장을 한다는 평을 (양쪽으로부터) 받았다.

2. 우연의 성서적 의미

보통, 성서에서는 이러한 혼동을 피하도록 경고해주는 단서들이 있다. 무질서로서의 우연히(창세기 1:2) 실제로 인정되기는 하지만 무질서(혼돈)가 단지 하나님의 말씀에 의해서 이 세상으로부터 추방되는 것이다.

우리가 첫 번째로 정의를 내린 중립적인 의미에서의 우연이 성서에서는 아주 다른 의미로 받아들여진다. 「사람이 제비는 뽑으나」 「결정은 하나님께 있는 것이다」라고(잠언 16:33) 적혀 있다.

성경에서는 적어도 하나님이 항상 그런 식으로 결정한다는 관념을 인정하지 않을 것이다. 우리가 「우연」이란 것을 첫 번째의 과학기술적인 의미로 받아들인다면 5장 첫머리에서 「하나님이냐 혹은 우연이냐」라고 시작한 「혹은」이라는 말은 결코 성경에서 취급하는 방법은 아닐 것이다.

3. 경이와 혼란의 중복

그러면 왜 일부 종교지도자들이 우연의 과정을 포함하는 과학의 가설들에 대해 반론을 펴야 한다고 생각하는가? 종교지도자들은, 우리가 이미 살펴본 우연의 두 가지 개념을 구별하지 못하고 과학적인 가설(기술적 의미에서)이 우연에 의지하게 되면 그것은 바로 하나님을 배척하는 것이 될 것이라고 생각하는 논쟁자와 마주치게 되었다.

그러나 이러한 논쟁자들의 잘못을 질책하는 대신 신학자들은 (예외는 있지만)—그들이 실제로 생물학적인 가설이 성립될 수 없다는 것을 의미한다고 주장하는 것 이외는—논쟁자들과 똑같이 생각하는 데 앞장 설 뿐이다.

18, 19세기의 정통주의 신학 변증론 자들은, 세계를 과학적

으로 설명하는 데에 필요한 하나님을 제거해 버림으로써 이성
적인 형식으로 구성된 가설에 크게 근거를 두게 되었다. 그리
고 성경이 완전한 세계의 존재—우리가 모르는 것뿐만 아니라, 우
리가 이해하는 부분까지도—에 대해서도 우리를 경탄하게 하는 이
변증론 자들은, 신앙이 없는 사람으로 하여금 과학자들이 이해
하지 못하는 부분들(특히 생명체의 역사)을 거룩한 설계자가 존재
한다는 「논증」으로 간주해서 이 부분을 집중적으로 연구하도록
권유했다.

이리하여 성경을 기록한 사람에 의해서 표현된 우연의 사실
이, 어떠한 과학적 지식도 해결할 수 없는 형이상학적 경이감
(시편 8장, 로마서 1:20)을 점차 과학자들이 탐구하려는 물질적인
혼란을 줄이는 것이 과학자들의 희망이었다.

그런데 도로시 세이어즈(Dorothy Sayers)*의 한정된 유추(類
推)를 빌면, 연극의 연출가가 존재한다는 것을 알려주는 것은
부분적으로 연극을 혼란하게 하는 것이 아니고, 연극 전체에
산재해 있는 사실을 해명해 준다. 즉, 우리가 연극의 각 부분들
로부터 조심스럽게 작중인물의 개성중에 일부를 유추하는 것은
가능하지만, 그 연극의 특정 부분으로부터 그 작중인물이 존재
한다는 것을 증명하려고 하는 것은 그 작품 주제를 우스꽝스럽
게 혼동시키는 결과가 된다.**

오늘날 우리는 자연계를 대하는 데에 있어서 적당한 경외감
(敬畏感)을 회복시킬 필요가 있다. 우리는 자연계에 존재하는 모
든 것에 대해 경탄할 필요가 있으며 또 그것을 과학적으로나

---

* 도로시 세이어, 『창조주의 정신』(Methuen, 1974)과 『인기없는 해명』
(Gollancz, 1946)
** 역시 6장을 보라.

76

지적으로 존경하지 않을 수 없는 처지에 있기 때문에 자연에
대해 은근한 감정으로 두려워하지 않을 수 없다.

위대한 과학자들은 기독교인이건 아니건 간에 이 자연에 대
한 경외감을 결코 잃지 않았다는 것이 사실이다. 그러므로 과
학의 신비나 경외감을 없애려고 애쓴다는 것은 그 어떠한 생각
도 비현실적인 희망적 관측 때문에 파생된 환상에 불과하다.

4. 진화론의 남용

기독교인들은 지구가 계속 움직이고 있는 것을 포함해서 그
존재가 항상 창조주인 하나님의 덕분에 움직인다고 믿는다. 그
리고 성경은 이 사실을 우리에게 알리기 위해 신약과 구약에서
간단하지만 중요한 말씀을 사용했다.

하나님은 무(無)로부터 우주를 착상하여 이것을 만들었을 뿐만
아니라, 그의 계속적이고 창조적인 의지가 없으면 우리의 우주
는 끝장이 난다고 강조하는 것을 우리는 자주 대하게 된다.

그러나 성경은 이 세계의 양상이 시간이 경과함에 따라 변화
하게 된다는 과학적 변천을 거의 암시해주지 않고 있다. 성경
전체를 통해서 볼 때, 창세기 1장 「하나님이 말씀하시기를,
……이 창조하시니라」는 매우 중요한 성경말씀의 표현이다. 여
기에서의 그 표현이 놀랍지는 않다. 왜냐하면 창세기가 쓰인
것은 과학적 의문에 대답하기 위해서가 아니기 때문이다. 그리
고 하나님은 어떤 경우에서든지 우리가 원한다면 과학적인 대
답을 끌어낼 수 있는 많은 실마리(암석에 있는 화석과 같은)를 남

겨두고 있다.

오늘날 대부분의 과학자들은 이러한 실마리와 조화를 통해 많은 종류의 식물과 동물이 오늘날 우리가 알고 있는 형태로 변화했거나 진화하게 된, 수백만 년의 역사를 지적해 주고 있다(어느 기독교인이 표현한 대로). 하나님이 일하신 과정은 완만하고 점진적이었다는〔고등 동물의 몸체는 최초의 종(種)으로부터 고상한 변화과정을 거쳐 이룩되게 되었다〕생각은 바로 과학에서 사용되는 「진화」란 말로써 해석되어야 한다. 기술적이고 과학적인 의미에서의 그 진화란 신학에서는 중립적인 사상인데, 성서적으로 기독교인이면서 생물학자인 사람들에 의해서 널리 받아들여지고 있다.

그런데 성경의 어느 부분에서도 그런 생각을 배제하지 않고 있음에도 불구하고 이 문제(진화)에 대해서는 서로가 언급하기를 꺼린다. 틀림없이 하나님은 우리가 이 진화론을 다른 이론과 마찬가지로 과학적인 이점에 의해서 판단하기를 기대하고 계신다. 오늘날 아무리 과학이 널리 받아들여지고 있다고 하더라도 그것은 단지 시험단계의 고찰에 불과한 것이며, 과학 자체가 시간이 경과함에 따라 변천하게 된다는 것을 명심해야 한다.

5. 진화론

진화론이 발표되자마자 이 순수한 과학적인 사상은 무신론자의 이익에 포로가 되어 아주 다른 의미로 바뀌어져 오해를 받게 되었다. 왜냐하면 기독교인 변증론자들에 의해 간접적으로 선동된 무신론적인 과학자들과 그들의 동조자들이 철저하게 도전해 왔기 때문이다. 따라서 생물학에서는 「진화」가 하나님에 대치되는 것으로 믿기 시작했다.

그렇다면 생물학에서는 진화론이 받아들여졌으면서도 왜 다른 분야에서는 그렇지 못했을까? 생물학적 진화란 말은 (기술적인) 「우연」과 같은 범주에 있는 기술적인 가설을 나타내는 것이었는데도, 갑자기 왜곡되어 무신론적인 형이상학적 원칙으로 해석되었다. 그 형이상학적 원칙은 인간으로 하여금 우주의 환경에 대한 신학적인 두려움으로부터 해방감을 주기 때문이었다. 진화에 관한 과학적 이론의 명성을 왜곡시켜서 받아들인(실제로는 과학적 이론은 진화론의 정당성을 조금도 인정하지 않았다) 「진화론」이 반종교적인 철학의 대명사가 되었는데, 그런 속에서 「진화」는 「우주에 있어서의 실질적인 힘」으로서 다소나마 신의 역할을 담당하게 되었다.

이 문제에 대한 끊임없는 논란에 직면한 19세기의 일부 기독교인들은 그들의 정력을 다른 방향으로 돌리게 되었다. 결국, 그 기술적 진화론에 기생하는 철학적 사상을 공격하는 대신에 진화론을 공격하게 된 것이다.

그런데 그 기술적인 진화론은 물론 여러 가지 면에서 허점을 드러냈다. 그 이론을 위해서는 유명한 비평가의 비평이 반드시 필요했었다. 그러나 그러한 진화의 기술적인 문제에 대해서 반박하는 신학자들은 항상 그들의 반대 입장에 있는 진화론자들만큼이나 유능하지 못했다. 그 결과로 신학자들은 종종 논쟁의 어려움에 봉착하게 되었다. 기독교적 신앙이 그 반대 입장의 공격에 대해 속수무책이라는 나쁜 평판을 얻게 된 것이다.

공정하게 말하자면 그들 반종교적인 적대자들도 신학적인 문제에 대해서는 똑같이 무능하고 혼동된 논쟁을 보여주었다. 그럼에도 불구하고 종교적인 변증론자들은 반계몽주의자들의 경우와 마찬가지로 지나치게 비이성적이고 또 지속한 독단적인 무리들에 의해서 비호되어 온 것이다.*

이제 하나님을 믿는 것을 부정하면 기독교적인 입장에서는 충분히 비난받아 마땅할 것이다(시편 14:1). 그러나 그것이 반드시 부당하다고만은 할 수 없다. 왜냐하면 하나님을 부정하는 데 있어서 철저하게 부당하다고 생각되는 것은 반종교적인 저자들에 의해서 과학이 하나님을 형이상학적인 존재의 의미로 쓰일 때에 한해서만 축출하는 근거가 되기 때문이다. 그러므로 우연에 관한 과학적인 개념이 중립적인 특성을 갖고 있다는 것을 인식하게 된다면 과학의 실수를 참작해야 한다. 오랫동안 과학에 희롱당해온 신학자들도 결국은 그들의 연구방향을 돌렸기 때문에 그들의 실수에 대한 변명의 여지가 남았다. 그러나 아직껏 신학자들의 태도가 반종교적인 문헌에 얽매여 있다면 그들에게 변명의 여지는 없을 것이다.

종교적인 사고의 범주와 과학적인 사고의 범주 사이에는 논리적으로 상호 보완적인 특성이 있다. 과학에 대한 신뢰와 기독교적인 신앙 사이의 조화가 점점 증가하고 있다는 것은 인정하면서도 불구하고, 진화론에 관한 기술적인 이론과 철학적인 「진화론」 사이의 혼동은 여전히 거부하고 있으며, 생물학적 이론에 오랫동안 기생해 온 철학적 진화론은 아직도 없어지지 않

---

* 개방된 자유주의에 관한 논증, 후이카스의 『기독교 신앙과 과학의 자유』 (Tyndale Press, 1967) P.8을 보라.

고 있다.

반기독교적 저자인 줄리안 헉슬리(Sir. Julian Huxley)가 명명한 유명한 『진화의 환상(The Evolutionary Jision)』*은 현대적 사고의 본보기로 인용될 수 있다.

그는 그 책에서 『사고의 진화형태는 결코 초자연적일 필요도 없고 그럴 여지도 없다」고 했다. 그는 지구는 창조되지 않았다고 말한다. 왜냐하면 지구는 진화한 것이기 때문이다. 「진화된 인간은 현실의 고된 문제와 임무로부터 벗어날 수 없으며, 불행하게도 인간은 헤아릴 수 없는 전지전능하신 하나님의 뜻에 의지함으로써 자신의 미래를 설계하는 하나님의 고된 임무로부터 벗어날 수 없다」고 말하고 있다.

그리고 심프슨(G. G. Simpson)은 기술적인 면에서 우연이 생물학적인 발달을 설명할 수 있다는 것을 보여준 후, 「인간은, 인간을 염두에 두지 않은 맹목적이고 물질적인 과정의 산물이다. 인간은 계획적으로 태어나지 않았다」**라며 독단적인 결론을 내리고 있다.

최근(1971)에 저명한 생물학자인 모노드(Jacques Monod)가 「완전히 임의적이지만 맹목적인 순수한 우연은 진화라고 하는 거대한 건물의 기초가 되어있다」. 따라서 「인간은 마침내(원문대로) 우주의 무감각한 거대한 집단 속에 홀로 존재하며… 그의 운명이나 임무가 규정되어 있는 것은 아니라고 생각한다」고 주장한 것 역시 우리는 알고 있다.***

---

* 『다윈 이후의 진화의 문제』 제Ⅲ권 (『진화의 문제』. p.249-261). 졸 택스와 Charles Callender에 의한 편찬(시카고대학 출판부, 1961)
** G. G 심프슨, 『진화의 의미』(예일, 1949), p.344
*** 『변화와 필요성』(Collings, 1971), p.110-167

　그러면 이제부터는 위에서 묘사한 진화론의 혼란을 왜 거부해야 하는지 그 모든 증거를 살펴보자.

　위에서는 하나님이 창조한 질서 안에서 진화도 창조되었음을 부인하고 창조론과 대치하는 것으로 생각했으나, 하나님의 창조의 구원과 섭리는 인간의 노력에 대치되는 것으로 받아들여졌다. 또한 위의 주장은 신약성서의 중요한 말씀인 「그러므로 나의 사랑하는 자들아 너희가 나 있을 때뿐 아니라 더욱이 나 없을 때에도 항상 복종하여 두렵고 떨림으로 너희 구원을 이루라. 너희 안에서 행하시는 이는 하나님이시니 그가 자기의 기쁘신 뜻을 위하여 너희 소원을 두고 행하게 하시나니」(빌 2:12~13)에서 나타내신 기독교의 유일실론의 개념을 간파하지 못하고 있다. 게다가 더욱 심각한 문제는 우리가 흔히 기술적인 진화론과 「사고의 진화적인 형태」를 혼동한다는 것인데, 그 이론 속에서는 「초자연적인 섭리에 대해 어떤 여지를」 남겨두지 않고, 그것을 과학적 사실이라는 필연적인 내용으로 이해하고 있다.

　그러나 어떠한 과학적 사실도 초자연적인 것을 찬성하거나 무조건 반대할 수는 없다. 우리는 당연한 진리를 소유하고도 그들의 독단적인 주장과 비현실적인 희망적 관측을 특징짓기가 어렵다. 그러나 독단적인 주장은 확실히 논리적인 근거가 없다.

　이 문제에 대해서 집중적으로 공격을 한다면 헉슬리와 심프슨 그리고 모노드는 그들의 주장이 과학적 사실로부터 논리적으로 추론될 수 없음을 시인할 준비가 되어 있었을 것이다. 물론 그들도 그들이 주장하는 이론이 논리적으로 추론될 수 있다고 고집하지는 않았을 것이다.

그들은 저술과 같은 이론이 논리적으로 유사한 결함을 가지고 있음을 알았지만, 그것을 막을 수 없었다. 결국, 오늘날 수많은 독자의 손에 그것이 들어가게 되었다. 진화론의 사상은 점점 넓게 전파되어, 특히 철부지 학생들의 무비판적인 마음속에 파고들게 되었다.

여기에 대해 기독교인들은 경각심을 가지고 건설적인 비판을 하게 되었다. 사실 그 이론은 성경뿐만 아니라 과학의 본질 자체도 이해하지 못하는 자들에 의해 잘못 전해진 이론이므로 되도록 정화하도록 힘써야 할 것이다. 그러나 이것이 무조건 생물학적 진화론을 그릇되었다는 의미는 아니라고 생각한다. 그것은 과학자들의 임무이다. 그들의 신앙과 정직한 판단력에 맡겨야 한다.

과학적인 발견에 대한 기독교의 긍정적인 관점이 순전히 과학적인 연구 과정에서 명백하게 인식될 수 있다고 기독교인들이 무조건 기대해서는 안 된다.

우리는 어린이들에게 하나님이 이 거대한 우주의 구석구석에서 창조적으로 활동하고 계시고, 확실히 존재하고 계시다는 것을 성경대로 명확하게 가르쳐야만 한다. 그리고 하나님에 해당하는 「설계자의 마음」을 전문적으로 연구해서 「우연의 작용」이라고 규정짓는 것에 대해 무조건 반박하고 상충하는 것으로 설명하거나 그러한 과학적 설명에 도달하는 것이 무조건 성경을 무시하는 것으로만 간주하지 않도록 힘써야 한다.

오래된 혼동을 질질 끌지 말고, 현대의 기독교 서적과 정기간행물들을 통해 세밀히 교육함으로써 그들은 충분한 창조교육을 실천할 수 있을 것이다.

　진화론에 관한 생물학적 이론이 반기독교의 입장인 「진화론」
을 지지한다는 생각은 잘못이다. 그리고 기독교의 반론 자체가
무신론적인 이성주의(理性主義)가 계속 통용되도록 진화론과 같
은 입장을 취한다는 것 역시 수치스러운 일이다.

　철학적인 기생물이 된 그 진화론의 정체가 무엇인지를 폭로
해야만 한다. 그렇게 함으로써 기독교인들은 하나님이 창조한
사실에 대해, 하나님이 준 과학적 연구의 실마리들이 어떠한
양상으로 나타난다 하더라도 과학적인 업적에 대해 하나님께
영광을 돌려야 한다. 그리하면 자유로이 그 과학의 난제의 실
마리들을 풀어나가면서도 하나님과 더불어 즐거울 수 있을 것
이다.

6장
창조의 법칙과 기적

스코틀랜드의 어느 학교에서 목사가 학생들에게 연속적으로 많은 질문을 한 적이 있었다. 교사는 어린 학생들이 목사의 수많은 질문에 대답하기는 어려울 것이라고 생각하고, 학생 한 사람마다 한 가지 질문씩만 대답하기로 전략을 세웠다.

마침내 그날이 왔다. 그런데 목사가 방문하던 날, 공교롭게도 첫 번째 질문에 대답해야 할 남학생이 결석을 하고 말았다. 목사는「누가 여러분을 만들었습니까?」하고 물었다. 교실 안은 무거운 침묵이 흘렀다. 얼마 후 뒤쪽에 있던 한 여학생이 일어나서「하나님이 만든 남학생은 오늘 결석을 했습니다」라고 대신 대답하였다.

기독교인들은 자연계에 대해서 하나님을 언급할 때 뜻하는 바를 오해하고 있다. 목사의 질문에 대답한 이 여학생은 그 남학생이 어째서 결석을 했는지 의문을 품지 않을 수 없었다.

지나간 세기에 있어서 기독교인들이 자연계에 관해서 하나님의 창조에 대한 말을 할 때 많은 논란이 있었던 것이 바로 지금의 이야기에 있는 오해와 비슷한 양상이었다고 주장하고 싶다. 만약 하나님이 자연계의 모든 사건에 관계한다면 그 사건에는 과학적으로 증거 할 다른 점이 필요하다.

과학이 발달함에 따라 자연현상을 설명하기 위해서 하나님을 끌어들일 만큼 다른 현상은 점점 줄어들었다. 특히 생명현상은 신학자들의 구미를 당기게 하는 문제들이었다. 그리고 처음에는 유기물은 생명체의 특수한 산물이므로 무기물로부터는 합성할 수 없는 것이라고 생각했었다.

그 후 화학자들이 유기물과 무기물 사이의 간격을 해소해 버림으로써「생명」현상은 그 신비스런 특질중의 일부를 상실하고 말았다—아니면 상실한 것처럼 보였다. 그 후 살아있는 세포를 합성할 수 있다는 가능성에 대한 논란이 생겼고, 그 논란은 아직까지 계속되고 있다.

우리는 이에 대한 긍정적인 입장과 부정적인 입장을 취하는 수많은 주장들을 접하게 된다. 그들 논란 속에는 하나님이 우리 인간들의 지식의 한계점을 넘어서 존재한다는 가정이 있다. 우리의 과학적 체계가 한계상황에 부딪쳐서 저윽히 무력해져 있고 희박한 상태에 머물러 있기 때문에 하나님이 그 한계 밖에 존재한다는 것이다.

그러나 과학지식이 성숙해지고 점점 팽창함에 따라 인간의 지식이 구조적으로 하나님과의 간격을 축소하게 되므로 하나님을 받아들일 여지를 찾기가 점점 더 어렵게 되고 있다는 것이다. 나는 이 문제에서 더 이상 머무르고 싶지 않다. 왜냐하면 이미 5장에서 그렇게 생각하는 것이 오해라는 것을 명백히 밝혀두었기 때문이다.

성경이 하나님에 대해서 말씀할 때는 하나님이 우리의 경험의 한계점 가까이에 존재하는 분이 아닐뿐더러, 과학자들의 방정식을 완성하는데 필요한 미지의 항(項)에 해당하는 분도 아니라는 것을 우리는 믿어야 한다. 성경에서 말씀하는 하나님은 어떤 의미에서, 내가 생각하는 것처럼, 기독교적인 신앙과 과학과의 관계에 있어서 모든 문제를 해결하시는 본질적인 관건이 되시고 어떤 특수한 경우에만 존재하는 분이 아니고 언제 어디서나 존재하시는 핵심적인 활동을 하는 분이다.

하나님은 물질세계의 어느 부분에서나 활동하시며, 이 우주의 모든 영역에서 활동하신다. 만약 하나님의 신성한 활동이 그의 사역을 의미한다면, 그것은 이른바 물질세계의 모든 사건들은 이 하나님의 활동에 의존한다는 말씀이 된다. 루스드라에서 설교하던 사도 바울이 하나님은 「항상 자기가 존재한다는 증거를 남기셨다」(사도행전 14:17)고 말했을 때, 바울은 자연계에서 설명할 수 없는 특수한 사물에 대해 지적한 것이 아니고 우리가 당연히 여기는 일상적인 것에 대해 지적한 말씀이었다. 즉 「…왜냐하면 하나님은 선(善)을 베푸셨으며 하늘로부터 비를 내리게 하셨고, 풍성한 계절을 선사함으로써 음식과 각양 기쁨으로 모든 은사를 채워주셨기 때문이다」.

6장에서 나는 이와 같은 진술들이 어떤 주장을 하고 있는지에 대한 의문을 제기하면서 그러한 주장들에 대해 더욱 자세히 살펴보려고 한다. 우리가 그 진술을 잘못 받아들인다면 그릇된 문제 속으로 계속 빠져들겠지만, 진실로 관여하고 있는 사물을 우리가 대하는 방법은 명확해질 것이기 때문이다.

1. 인간세계와 하나님

그러면 우리는 어떻게 모든 현상에 대해서 하나님을 의미심장하게 생각할 수 있는가? 의미심장하게 생각한다는 것은 아무런 의미도 없이 이 세계의 현상들을 경건하게 받아들인다는 뜻일까?

히브리서의 저자는 하나님은 그의 강력한 말씀으로 우주를 권고하시는 것처럼 표현하였다. 그런데 우리 세계를 「권고하심」이란 신성한 우주의 개념을 파악하는 것이 이전의 과학 시대보다 오늘날의 과학 시대에서는 더욱 어렵다. 왜냐하면 우리는 과학적 사고의 습관에 의해 어떤 현상을 설명할 때, 그 현상의 「원인」이라고 하는 것을 전에 있던 다른 현상에 비추어서 설명하려고 하기 때문이다.

　우리는 사건(현상)의 연속성을 이른바 「인과관계」로써 엮을 수 있고, 특정한 사건의 이면에 놓여있는 인과관계의 그물을 계속 추적하면 그 사건을 바르게 설명할 수 있다. 우리는 바로 이러한 설명이 우리로 하여금 성공적인 예언을 할 수 있는 힘과 또 우리의 문명이 의존하는 믿을 만한 새로운 방법을 수립하는 힘을 준다.

　한편, 과학철학자들은 이러한 인과관계에 있어서의 철저한 연관성에 대해 의문을 제기한다. 그러나 나는 인과관계로 문제를 복잡하게 하고 싶지는 않다. 왜냐하면 성서적 세계관이 과학적 세계관과의 오차나 부정확한 이론에 의존한다고는 생각하지 않기 때문이다.

　편의상 하이젠베르크의 불확정성원리 이전의 시대적 상황에 있어서의 모든 사건들, 원칙적으로 인과관계의 그물 속에 완전히 연결될 수 있다고 생각하던 시대를 생각하고 싶다. 그렇다면 그 시대적 상황이 우리의 의문 즉, 모든 사건들이 이미 있었던 사건들에 비추어 어떤 「원인」을 가지고 있는가? 그런 상황에서 하나님이 어떻게 활동적이라는 것인가? 모든 것을 하나님이 「권고하신다」고 말씀하는 데는 어떠한 의미가 있는가? 이러한 의문들을 따져볼 수 있는 적절한 논쟁의 배경이 마련된 것이다.

2. 그 한 예

모든 예는 그 유용성(有用性)에 상응하는 오해를 가져올 가능성이 있지만, 이 점에 관해서는 예외적으로 도움이 되고 다른 책*에서도 인용한 바 있다.

그것은 TV 화면에 나타나는 현상을 시청하는 경험으로부터 비롯된다. 우리가 TV의 화면을 볼 때 눈앞에 전개되는 모든 것이 섬광(閃光)들의 연속체로서 축소될 수 있다는 사실을 안다. 이 섬광들은 시청자의 사고에 결합된다. 예컨대 야구 경기를 보는데도 시각적 경험을 하게 된다. 정상적으로 말하면 TV 화면을 조정하는 것은 멀리 떨어진 경기장에 있는 카메라나 필름 같은 것에 좌우된다. 상황을 약간 복잡하게 변화시켜서 설명해 보겠다.

한 예술가가 붓으로 화판 위에 색칠을 하는 대신 전기장치의 도움을 얻어 어떤 사건의 내용을 연속적인 형태로 바꾸어서 화면에 비치게 한다. 그 매개체로서의 TV 화면을 사용한다고 상상해보자. 그렇게 되면 한 예술가에 의해서 다시 야구 경기가 벌어지는 화면을 상상해 볼 수 있다.

만약 그 예술가가 능숙하다면 우리가 야구 경기를 시청할 수 있도록 연속적인 사건의 결합을 보여줄 것이다. 공은 공중에서 거의 포물선과 같이 움직일 것이다. 그래서 우리는 적어도 원칙적인 공의 움직이는 법칙과 그리고 예술가가 고안한—혹은 우리가 창조되었다고 말하는—세계를 움직이는 법칙들 중의 어느 일

---

* D. M. Mackay, Science and Christian Faith Today(Falcon Press, second edition. 1973).

부를 우리 스스로도 발견할 수 있을 것이다.

그 예술가는 이치에 맞는 생각을 가지고 있고 자기의 생각을 사건의 진상 속으로 구체화시킬 것이다. 과학적으로 사고하는 관찰자가 사건의 양상에서부터 식별할 수 있는 인과관계의 그물에 그가 창조한 세계는 철저하게 잘 들어맞으리라는 것이다.

다시 말하면, 창조된 화면에 나타나는 어떤 현상은 그 전의 일어난 사건에 비추어서 「인과관계의 법칙으로 설명할 수」 있다는 말이다. 왜 갑자기 공의 방향이 바뀌었는가? 물론 배팅의 영향 따위도 게재된다. 그 예술가가 야구경기를 이치에 맞게 계속 진행하려고 하는 한 화면에 나타나는 사건들에 적용된 과학적 질문과 대답들은 다분히 의미가 있는 것이다.

누가 우리에게 화면의 전체적인 조정을 달리할 수 있다고 말했나? 화면은 예술가의 창조적 의지에 의해서 유지되고 그 화면의 통일성도 역시 예술가의 창조적 의지에 기인한다. 이 사실은 창조된 세계의 과학적 법칙을 결코 평가절하하는 것은 아니다. 또한 인과관계에서도 우리가 메울 수 없는 그 무엇이(신의 섭리) 있다는 것을 결국은 받아들여야 할 것이다. 이것은 과학이 연약하다거나 불안함을 의미하는 것은 아니다. 단지 과학적 설명의 완성 여부와 무관하게 화면 전체의 유지는 다른 입장으로 설명될 수 있다는 것을 지적한 것이다.

전체화면의 존재는 실체로 나타나도록 고안되었고 창조적인 예술가에 의해서 실체로 나타난다. 나는 이 예를 들기를 좋아한다. 왜냐하면 이 예가 과학과 하나님과의 관계 사이의 많은 문제를 제기하기 때문이다.

나는 성경이 우리 세계가 하나님에 의해 존재한다는 것을 언급할 때, 하나님에 대한 인간의 의존성이 우리 인간세계의 과거나 현재의 움직임이 반드시 과학적인 특이성에 의해서 증명되어야 한다는 어떤 근거도 발견하지 못했다. 그것은 마치 예술가의 존재가 야구경기장의 구석에서 일어나는 어떤 특별한 상황을 봄으로써 예술가의 존재가 구명될 수 있다고 제안하는 것과 다르지 않다. 그것은 문제의 핵심을 흐리게 할 뿐이다.

실제로 예술가가 자기의 존재를 드러내기 위해 고의적으로 어떤 결정을 내리지 않는 한, 그의 존재는 그가 창조한 화면(세계)의 특별한 양상에 의해 나타나며 결코 논리적으로 유추되어야 할 필요가 없다. 왜냐하면 그는 그가 나타내려고 고안한 세계에 있는 목적물 중의 일부가 아니기 때문이다. 또한, 창조자로서의 그는 야구팀과 「같은 세계에」 존재하지는 않는다. 그러므로 화면의 존재가 예술가에 의존한다는 사실 때문에 야구경기장에서의 사건을 과학적으로 분석한다면(과학적으로 설명될 수 없는 문제에 이르게 된다고 제안하는 것은) 그것은 어리석은 짓이다.

이와 똑같은 이유에서 인간 세계에서 하나님이 활동한다는 것을 「과학이 설명할 수 없는 것」이—생명체에 대해서 혹은 항성 사이에 있어서의 수소와 기체 혹은 기타 무엇이든지—존재해야만 한다는 것으로 이해하는 것은 완전히 잘못된 결론이다.

인간이 발견한 자연법칙은 신성한 하나님의 활동에 대치되는 것이 아니다. 단지 하나님의 활동을 보편적으로 드러내는 자연의 법칙 혹은 공식일 따름이다.

3. 기원에 대한 두 가지 의문

만약 이 예술가에 대한 예가 성경이 말씀하고 있는 것에 대한 좋은 예가 된다면, 여러분은 내가 왜 우리는 과거의 논쟁들을 새롭게 고찰해야 한다고 제안하는지 그 이유를 이해할 수 있을 것이다.

우리가 살펴본 예가 충분히 제기해 주듯, 요점은 우리가 세계의 기원에 관해서 말할 수 있는 두 가지의 아주 다른 뜻이 있다는 것이다. 야구 경기의 경우에 있어서 우리가 물을 수 있는 한 질문은 「누가 이 화면이 존재하도록 하느냐?」, 「그것이 누구의 생각이냐?」, 「그것이 누구의 마음에서 비롯되었느냐?」와 같은 질문일 것이다. 이런 관점에서는 우리가 창조된 세계의 과거에 있었던 특정한 사건에 대해서 묻는 것이 아니다. 과거에 있었던 특정한 사건에 대해서 묻는 것도 아니다. 과거에 의해 진행되는 전체의 경기가 예술가의 마음속에서 착상되어 실체로 표현되어 나오는 창조적인 활동에 대해 묻는 것이다.

그 다음에 우리가 제기할 수 있는 또 하나의 의문은 「어떻게 이 전체의 이야기가 시작되었는가?」, 「이 모든 것이 유래하게 된 과거의 유일한 시발점이 어디인가?」이다. 이것은 과학적인 의미에 있어서 예술가에 의해서 창조된 세계의 기원에 관한 질문이나 마찬가지이다. 말하자면 「글쎄, 만약 여러분의 수많은 시간 혹은 수많은 세기 혹은 수백만 년을 거슬러 올라가서 여러분이 창조된 세계 속에서 그런 최초의 원인을 따져 올라가면 그 궁극의 지점에 도달하게 될 것이다」라고 말함으로써 그 답변이 될 수 있을 것이다.

실제로 만약 창조적 예술가가 어떤 사건을 적절히 구상했다면 우리는 우주론자의 관점에서 창조된 세계의 「기원」에 해당하는 그 유일한 시점을 향하는 모든 단서들을 찾을 수 있을 것이다. 반면에 만약 그 예술가가 자기의 세계를 다르게 구상한다면 과학적 유추에 의해서 현재로부터 과거를 캐는 방식으로는 결코 유일한 출발점에 도달할 수 없다는 결론이 나온다.

그러므로 만약 과학적 방법이 출발점에 이를 수 없다면 우리는 우리가 연구하고 있는 창조된 세계에 대해 「무한한 과거」의 유추에 우리의 마음이 끌리게 될지도 모른다. 그러나 위의 두 경우 중 어느 경우에 있어서도 창조된 세계의 기원에 관해서 그런 식으로 내리는 어떠한 결론들도 예술가의 창조적 마음속에 있는 전체화면을 진행시키는 의도와 기원에 관해서 의심을 품을만한 근거가 될 수는 없다. 그 예술가에게는 「무한한 과거」를 가진 세계를 창조하는 것이, 유추될 수 있는 한정된 세계를 창조하는 것보다 더 어렵지 않기 때문이다.

다음으로 이와 유사하게 만약 우리가 이 세계의 기원에 관해서 묻는다면 두 가지 질문 중의 하나를 대답해야 할 것이다. 즉 하나는 「이 세계가 어디서부터 유래되었는가? 이러한 세계가 결국 어떻게 생기게 되었는가?」이고, 다른 하나는 「이 세계의 맨처음 사건은 어떻게 일어났는가? 무한한 시간과 공간 속에서 이 세계가 어떻게 시작되었는가?」에 대한 답변을 해야 한다.

성경이 우선적으로, 그리고 가장 크게 다루는 문제는 바로 처음부터 끝까지 이러한 질문 중의 첫 번째 질문에 대한 것이다. 그것은 아무리 우리가 과거와 현재의 사건들을 연결하고 있는 인과관계를 찾는 데 성공한다고 하더라도 물어볼 필요가 있고 대답할 필요가 있는 다른 사실, 즉 현재 진행되고 있는 우주 전체는 그 존재 요소와 그 목적이 하나님의 창조적 의지의 끊임없는 계속성에 기인한다는 사실을 우리가 빨리 인식하기를 촉구하고 있다.

만약 이것이 성서적 유신론이 우리의 세계가 하나님에 의해 창조되었다는 사실을 의미하는바 진정한 표현이라면, 그것은 결국 현재로부터 과거로 유추되는 과학적 방법이나 혹은 과거의 진화론 때문에 큰 혼란을 일으킨 과거의 창조론과는 어떠한 주장도, 성경이 주장하는 창조론과는 무관하다. 즉 과거의 실제 양상이 어떤 무엇이든 간에 그것을 창조해서 존재케 하고 이 세계가 유지되는 것은 모두 하나님의 주권적 생각이며 또한 하나님 자신의 섭리이시다.

4. 기적

이 예에서 밝혀질 수 있는 논쟁 중의 두 번째가 기적에 관한 문제이다. 나는 여기서 일반적인 인과관계의 그물을 벗어나는 특별한 사건이 실제로 일어났느냐에 대한 역사적인 질문을 하고자 함은 아니다. 그것은 우리의 세계에서 그러한 사건이 일어날 수 있는가에 대한 가능성에 대한 철학적 질문이다. 왜냐하면 과학이 하나님이 들어설 여지를 남겨두지 않는다는 주장 때문이다.

즉 인간이 만든 「창조된」 세계에 있어서 만약 예술가가 그의 연속적인 순간의 동기를 실체로써 계속 나타나도록 해야 한다면, 우리를 놀라게 하는 화면 혹은 평범한 화면이 특별한 예술가의 구상으로 인정되고 유용한 통일성이 있음을 인정해야 한다. 기독교 유신론의 입장에서 보면 하나님이 창조한 세계에 대해 우리는 「어떻게 기적이 일어났는가?」를 묻는 것이 아니고, 「어떻게 세계가 그렇게 규칙적으로 창조되었느냐?」라고 질문해야 한다.

이에 대해 성경은 하나님 자신의 창조적 원리의 입장에서 대답하고 있다. 그러나 우리가 든 예를 통해서 다른 사실을 확실히 해 두어야 한다. 즉 평범한 흐름에서 아주 벗어나는 사건을 초래하는 것이 하나님의 뜻이라면, 하나님은 예술가가 화면에 나타내는 장면을 변화시키고 싶을 때보다도 더 변덕스럽게 이 세계를 움직일 것이다.

말하자면, 하나님은 통일성 있는 계획의 일환으로 우리 세계를 규칙적인 형태로 질서 있게 유지한다는 것이다. 그 규칙적인 형태란 하나님이 만든 연극 전체가 그의 결정에 의해 잘 운영되는 양상의 법칙을 말한다. 그리고 우리가 매일 기대하는 삶에 대한 보증이 바로 성경이 주장하는 삶이라는 점이다.

성경이 묘사하듯이 하나님은 통일된 목적을 가지고 있다. 우리는 그가 변하지 않는 분이기 때문에 믿을 수 있다. 그러므로 현재의 양상과 법칙에 따라 규칙대로 미래를 예상하는 것은 하나님의 목적에 합치된다. 그러나 우리가 든 예도 완전하지는 않다.

예술가는 그가 창조한 세계와는 아주 딴 곳에 떨어져 있기 때문에 그 세계 속의 인물들이 그 예술가를 도저히 알 수 없다. 때문에 우리가 하나님을 창조주라고 인정한다고 하더라도 우리는 그를 완전히 알 수 없으며, 그런 의미에서 우리와는 무관하다. 그러나 확실한 것은 하나님의 목적이 우리에게 확증되고 우리는 몸소 그를 대하며 (우리가 알건 모르건 간에) 영적 수준에서 우리가 안고 있는 문제를 그가 몸소 다스리신다는 것이다.[*]

하나님은 전체의 목적을 위하여 역사 안에서 우리에게 말씀하게 하시며, 몸소 그가 만든 극(劇) 중(우리가 든 예와는 아주 다른)에 반영케 하신다. 만약 이것이 진실이라면 이 세계에 주어진 현상을 과학적으로 연구한다는 것은, 특별한 경우에 대해서 우리가 무엇을 기대할 것인가를 우리에게 알려주지 못한다. 그리고 어떤 의미에서 이 세계의 규칙적 사건의 형태가 계속 유지된다면 그것은 더욱 놀라운 현상이다. 세계가 나날이 하나님의 주권에 의존한다는 성경의 주장을 바르게 이해하기만 한다면, 우리가 아는 과학적 지식과 기적은 얼마든지 일어날 수 있다. 그렇게 되면 믿음과 사실 사이의 갈등이란 관점에서 「기적에 대한 문제」는 없어진다.

문제는 기독교인들이 기적이라고 부르는 역사적 사실들이 어떤 식으로 어떻게 하나님의 충족성을 나타내는가 하는 점이다. 성경은 하나님의 입장에서 타당성이 없는 사건은 절대로 믿지 말도록 권고한다.

하나님이 우리가 기적이라고 일컫는 사건을 어디서 「행했거나」 어떻게 「일어나가 했거나」 또는 기적이 과학적인 전례(前例)에 벗어났거나 말았건 간에, 그는 극 중의 전체를 통해서 그런 기적이 그런 식으로 일어나지 않았더라도 인간세계를 위한 그의 계획과 목적을 좀 더 통일적으로 조정하기 위해 그는 기

---

[*] 10장을 보라.

적을 베풀었다고 하는 것이 성경의 주장이다.

기적에 적용된 「보다 높은 차원에 있어서의 합리성」에 대한 가장 명확한 증거는 예수의 부활에 대한 성경의 주장에서 볼 수 있다. 1세기 사람들은 규칙적인 전례에 비추어 믿을 수 없는 부활의 개념을 알기 위해서 현대의 생물학적인 지식을 필요로 하지 않았다. 그러나 기록된 베드로의 첫 설교(사도행전 2:24)에서 그는 예수의 부활을 불가사의한 사건으로 설교하지 않고 필연적인 것으로 설교하고 있다.

하나님은 예수를 부활시켰다. 「왜냐하면 예수가 죽음의 노예가 되는 것이 있을 수 없기 때문이라」고 베드로는 증언했다. 다른 말로 표현하면 하나님이 자기가 만든 사건을 표현했을 때 그 극의 주인공 인물인 예수가 죽은 상태 그대로 드러난다면 창조주의 뜻에 맞지 않는 것이다. 그러므로 우리가 하나님에 대한 인간세계의 의존성을 잘못 이해한다면 기적의 개념을 난처한 것으로 이해하게 될 것이다. 나의 주장은 성경의 형식에서뿐만 아니라 기독교적인 정신에도 합치되는 것이라고 생각한다.

그러나 기적이 있다고 해서 성경이 우리에게 궁극적으로 무질서를 믿게 하는 것임을 의미하는 것은 아니다. 그와는 반대로 성서적 유신론은 이미 일어났던 과학적 법칙과는 일치하지 않는다. 그것은 과학자를 위시해서 우리들이 의존하고 있는 규칙적인 자연의 신빙성을 전체적으로 드러내는 데 있어 하나님의 목적과 통일성을 충실하게 잘 반영한다.

그렇다면 「과학은 하나님의 뜻에 대해 어떤 여지를 남겨 두는가?」란 의문은 어떤가? 여지는 남아 있다. 뿐만 아니라 자연에 대한 성서적 교리는 자연계에 대한 과학자들의 연구·분석이 그들이 연구하는 사건들 속에 체계화된 하나님의 신성한 섭리, 즉 자연계의 법칙과 하나님의 뜻 사이에 궁극적인 조화가 있음을 암시한다. 내가 말하는 데에는 과학자에게 격려가 되는 일변이 있다. 왜냐하면 과학자를 보증하는 것은 물질적인 기계의 신빙성에 있는 것이 아니라, 우리가 하나님의 피조물이고 또 예수그리스도의 생애를 통해서 자신의 진실성을 보여준 하나님의 인격적인 충족성에 있기 때문이다.

하지만 기독교인인 과학자가 과학적 연구에 있어서 반드시 비기독교인인 동료 과학자들보다 우월하다는 것은 아니다. 더욱이 그의 과학적 발견이 비기독교인인 동료 과학자들의 발견과 달라야 한다는 것도 아니다. 그렇지만 기독교인들은 과학자로서의 확고한 신념과 열의를 가지고 있음이 분명하다.

기독교적인 의미에서 기적의 가능성을 인정한다면 전체 과학적 시도가 들어맞지 않을 것이라는 일부 무신론자들의 경계는 근본적으로 근거가 없는 주장인 것이다.

7장
인간에 대한 기독교적 관념과 과학적 관념*

---

* 7장과 다음 8장은 처음 읽어서는 이해하기 어려울 수 있다. 이 부분은
부록을 통해 이해를 돕고자 한다.

인간에 대한 기독교적 교리는 포용적(包容的)이다. 기독교는 「인간은 창조되었고 영혼을 가지고 있으며 그리고 목적을 가지고 창조되었다」는 주장으로부터 출발한다. 그리고 인간의 존재에 대한 전적인 중요성은 그와 그의 창조자와의 관계가 마치 자식과 아버지와의 관계에서와 마찬가지로 충성스럽고 예속적이면서 순종의 관계를 형성하며 또 유지하고 있다. 그런데 이 하나님과 인간의 관계는 인간과 물질세계에 제공해 주는 순간에 인간이 민감한 반응으로 보임으로써 나타난다.

기독교는 인간이 하나님과의 관계를 독자적으로 형성하고 유지할 자격이 없을 뿐만 아니라 선천적으로 하나님에 대한 관심조차 갖고 있지 않다고 주장한다. 인간은 「자기의 지식」을 믿으려고 하고 하나님을 인정하지 않으려 한다.

이러한 사실에도 불구하고 성경에서는 처음부터 끝까지 인간을 책임 있는 존재, 즉 창조자의 눈으로 볼 때 인간의 타락에 대한 책임은 인간에게 있는 것으로 본다. 그러나 성경에 규정된 인간의 책임은 숙명이 아니라 구원받을 희망의 소지를 갖고 있다. 인간은 구원받을 수 있지만 자신의 능력으로 구원받는 것이 아니고 하나님이 인간으로 오셔서 인간의 구원을 위해 죽으셨고 다시 부활하셔서 인간을 위한 역사를 이룩하심으로써 하나님만이 주권적으로 구원하시는 것이다.

기독교에서의 영생은 인간의 본성과 운명을 묘사하는 성서의 결정적인 묘사이다. 나는 기독교적 가르침에서 온 앞에서 언급한바 「중요한 사랑을」 밝힘으로써 이 장을 시작하고자 한다. 이 사랑은 현재 점진적으로 체계를 잡아가고 있는 인간 현상에 대한 과학적 이론과 일치점(만약 우리가 성경에 기록되어 있는 바를 명확히 파악하지 못한다면 잠재적인 충돌점)이 될 수 있다.

한편, 나는 이 7장에서 최근의 인간에 대한 과학의 발전이 중점적으로 우리가 기대하는 만큼 큰 성과를 거두지 못하고 있다 하더라도 너무 실망하지 않기를 바란다. 우리는 정보공학의 이론으로부터 터득해 온 인공 두뇌공학과 다른 분야 사이의 뇌에 관한 연구에 대해 밝은 전망이 있다는 것을 새로운 통찰력을 가지고 주지해야 할 것이다. 그러나 7장의 목적을 위해서 그런 종류의 진보된 두뇌 이론에 대한 보고서가 필요하다고는 생각하지 않는다.

내가 7장과 8장에서 주장하려는 것은 성경이 원칙적으로 인간에 대해서 언급하는 것을 그대로 타당성 있는 논리로 남겨두고 과학, 즉 생리학, 심리학, 정신분석학 등 여러 분야에서 인간을 과학적으로 이해하는 데 성공한 특별한 사항을 구체적으로 다루어 보고자 하는 것이다. 그리고 그 문제를 확실히 규명하기 위해서 나는 인간의 과학적 탐구가 달성되고, 미래의 위대한 영광을 누릴 수 있게 될 시점에서 인간은 비로소 자신을 이해할 수 있다는 가정을 세우므로 본 7장을 기술하려고 한다.

나는 「과학적 탐구 정신」 면에서 인간을 하나의 원인, 즉 물리학적 관점에서나 생리학적인 관점에서 또는 정신분석학적인 관점에서의 인간의 궁극적인 원인을 정직하게 나타내주는 용어인 인간의 현상을 편견 없이 이해해 보고자 한다.

인간을 하나의 행동하는 개체로서 이해하려는 문제에 대해 여러 가지 관점에서의 공격이 완전한 성공을 거둘 수 있다고 생각해 보자. 그리고 우리는 물리학자로서 또는 생리학자로서 좁은 의미에서든지 혹은 넓은 의미에서든지 인간의 행동에 관해서 묻고 있는 문제에 대해서는 어떤 질문에 대해서도 우리가 모조리 대답할 수 있다. 우리는 어떻게 대답해야 하겠는가?

내가 보여주고 싶은 것은, 실제로 과학의 업적이 완전하다고 하더라도 내가 앞서 언급한 기독교적 창조의 교리는 전과 마찬가지로 여전히 남아있는 문제가 된다는 것이다. 그러므로 기독교인이지만 과학자가 아닌 사람이 과학에 있어서 뇌에 대한 최근의 발견을 실은 신문을 자세히 읽었을 때, 그것이 기독교적 신앙을 와해시킬지 모른다고 두려워하는 것은 대단히 무의미하다.

다시 말하면, 과학이 비록 우리로 하여금 골치 아픈 생각으로 이끌기는 하지만, 사실은 그것이 인간에 대해서 과학적으로 진보한 해석과 기독교적인 교리 사이의 상호관계를 건설적으로 보완하기 위해서 필요하며 우리가 과학을 기독교적으로 확실하게 인식한다면 우리의 정신은 여러 가지 불필요한 과학적 유추와 사색으로부터 해방될 수도 있을 것이다.

1. 인간은 창조되었다

인간에 대한 본질적인 원칙을 끌어내기 위해 인간에게 적용된 기계적 사고의 잘못된 갈등을 피하려면, 우리가 우리의 생각을 명확히 할 필요가 있는 두 가지 주요한 면에 우리의 관심을 집중하는 것이 최선이다.

첫 번째는 인간은 창조되었다고 하는 말씀이다. 인간 창조 자체에 정당성을 부여하기 위해서는 지난 세기에 있었던 논증들을 우리가 상세히 검토해야 하는데, 우리는 이미 앞 장에서 창조론을 다룬 바 있다.

나는 창세기의 낯익은 구절들뿐만 아니라 골로새서(1:16, 17)와 히브리서(1:3)와 같은 신약성서의 구절 속에 밝혀진 창조에 관한 성서적 교리를 읽을 때 위험을 느끼는데 우리가 하나님을 너무 낮은 차원에서 보기 때문에 문제가 된다고 말해 두고 싶다.

이 점에 관해서 나는 6장에서 우리가 살펴본 예—즉 예술가나 소설가 혹은 극작가의 창조적 상상력의 개념—속에서 많은 도움을 발견할 수 있었다. 물론 사고의 유추라는 것이 불완전하기는 하다. 예컨대 햄릿과 셰익스피어 사이에 존재하는 관계를 살펴보면, 창조자로서의 하나님을 그릇되고 낮게 보는 우리의 마음을 명확히 지적하는 데 도움을 줄 것이다. 우리는 햄릿이 셰익스피어의 창조물이란 말에 내포된 의미를 안다. 그것은 햄릿은 단지 셰익스피어의 창조적 상상력에 의해서 활동하는 「햄릿」이란 극이 형성하는 「그런 범주 속에서만 햄릿이라고 불리는 인물로 설정되었다」고 하는 사실을 의미한다.

물론, 우리는 단순한 인간으로서의 작자(창조자)인 셰익스피어와 하나님으로서 존재하는 창조주와의 차이점을 인정한다. 셰익스피어가 상상하는 것은 단지 인간으로서의 (햄릿)의 심리적인 형태를 취하는데 반해, 하나님이 「창조하시니라」고 말씀하실 때에 상상하는 것은 인간세계의 물질적인 형태를 취한다. 그러나 나는 어떤 면에서는 셰익스피어와 하나님을 창조자로서 비교하는 것이 정확한 유추라고 생각한다.

셰익스피어는 햄릿을 창조하기 위해서 햄릿에 대해 개별적으로 생각해야만 했다. 만약 셰익스피어가 햄릿에 대해 미리 착

106

상하지 않았더라면 햄릿은 존재하지 않았을 것이다. 햄릿의 극 중에 얼마나 많은 다른 사람들이 등장했는가? 그리고 햄릿의 극이 얼마나 방대했는가? 그리고 그가 등장하기 전에 어떤 역사가 있었는가? 그리고 그의 조상은 어떠했는가? 등—이러한 물음의 어느 하나도 a: 셰익스피어가 햄릿의 작자라는 사실, 그리고 b: 셰익스피어가 햄릿을 개별적으로 알고 있다는 사실에 대해서는 영향을 끼치지 않는다.

근본적인 문제는 6장에서 다룬 대로 인간은 하나님에 의해 창조되었다는 것이다.*

만약 우리가 성경에서 창조가 뜻하는 바를 진지하게 받아들인다면 창조는 어느 특별한 시점에서 일어난 단순한 시대를 추정할 수 있는 사건이 아니다. 우리의 인간세계(셰익스피어의 극) 전체의 과거, 현재, 미래가 형성되는 순간순간의 모든 존재가 계속 진행되는 것은, 하나님의 창조적 능력에 의존하는 인간과 하나님과의 사이에 계속되고 있는 창조주와 피조물과의 상관관계라는 것을 우리는 시인해야 한다.

우리가 이 사실을 알게 되는 순간, 예를 들자면 우주의 크기에 대한 질문은 하나님이 우리들 각자를 개별적으로 알고 또 우리를 보살피고 관심을 갖는다는 이론은 기독교적인 가르침과는 전혀 무관하다는 것이 명백하다. 「우주는 너무 방대하고 인간은 너무 미소하기 때문에」 하나님이 우리에게 관심을 가질 수 없다고 하는 빈번한 주장도 있는데, 그렇게 되면 그것은 하나님이 자기가 창조한 우주 속에 있는 여러 양상들 중에 일치될 때만 정당한 이론이 될 것이다. 성경은 이 주장에 반대한다.

* 6장을 보라.

즉 하나님 속에 전체 우주가 있고, 셰익스피어가 햄릿을 알되 덴마크의 영토의 방대함에는 영향을 받지 않듯이 하나님은 우리를 개별적으로 아시지만, 하나님이 창조한 이 세계의 방대함에 영향을 받지 않는다. 그러므로 앞의 주장은 전적으로 부당한 것이다.

이런 점에서 보면 (내가 5장에서 제안한대로) 인체의 진화에 관한 논증은, 인간을 하나님의 피조물로 보고 하나님의 눈에는 인간이 책임이 있고 중요하다고 하는 기독교의 관점에서 똑같이 벗어나는 것 같다.

우리는 이제 원점으로 되돌아가서 고찰해보도록 하자. 그렇게 하는 동안 나는 (햄릿과 셰익스피어의 창작 개념)이 과학적 발견과 기독교 발견이 기독교 교리 사이에 있을 수 있는 갈등에 대한 그릇된 오해를 제거해 주는 데 도움을 주는 「완충역할을 하는 것」으로 권하고 싶다.

만약 하나님이 우리의 그 전체—과거, 현재, 미래—를 창조하신다면 우리가 인간의 과거를 과학적으로 연구할 때, 인간의 과거가 생물학과 물리학적 수준의 이치에 맞는 통일체라는 것을 알게 된다고 해도 그것은 전혀 놀라운 일은 아니다.

2. 영혼

두 번째로 영혼의 개념은 무엇인가? 성경에는 인간은 「살아 있는 생령이 되었다」(A.V: Authorized Version)는 구절이 있다. 여기서 생령이 되었다는 말이 중요하다고 나는 생각한다.

살아있는 영혼 혹은 살아있는 존재(RSV: Revised Standard Version)란 말은 보통 혼「Soul」에 대응하는 히브리어의 네페쉬(Nephesh)인데, 이것은「유기체」혹은 아마도「정신을 가진 물체」로 번역될 수 있다. 그리고 또한 그 말은 하등동물에서도 사용된다.

내가 제안하고 싶은 것은 영혼이 인간의 육체를 제어하는 수레나 자동차 같은 기관인데 그 제어장치는 그 기관에 영향을 미치는 비물질적인 어떤 것을 향해「돌진하는 무엇」이라고 가르치는 개념은 절대로 성경적인 근거가 아니라는 것이다. 만약 우리가 그런 개념을 가지고 이해한다면 우리는 기계적 생태학에서뿐만 아니라, 성경 자체와도 대비된다.

성경은 영혼의 개념을 아주 다른 영적 개념으로 변화시켜 우리에게 전해줌으로써 그런 성경 구절을 과학을 가르치는 데에 사용할 목적으로 인용하는 것을 금지해 준다. 예를 들면 성경에서는 인간이 자신의 육체로「옷을 입은」것처럼 표현하고 인간이 사는 곳을 장막으로 표현한다. 그러나 성경은 인간의「숙명적인 육체」와 구원이 약속된「영광된 육체」와의 차이점을 자주 묘사한다. 여기서 인간은 정신과 육체의 결합체 혹은 더 좋은 표현으로는 정신이 육체화된 것으로 표현된다.

그런데 이러한 개념들이 뇌 속의 인과관계의 기계적인 틀(System)의 어느 부분에 반사되어 어떤 결과를 기대하는 데 대한 어떠한 타당성도 절대로 부여하지 않는다. 그러나 만약 이 인과관계의 틀이 완전하다면 그것은 단지 인간기계이거나 혹은 최소한의 책임 있는 사고가 말살되는 것을 의미하지 않는가 하고 질문할 수 있을 것이다. 이것은 우리가 잠시 고려해야 할 중요한 질문이긴 하지만, 나는 이것이 성경이 언급하는 주장으로부터 그릇된 유추를 내포한다고 생각한다.

성경은 인간이 책임 있는 존재이고 「티끌」과 같은 존재라고 동시에 주장한다. 티끌로서의 인간은 자연계의 물질적 질서와 연속적인 관계에 있다. 그리고 「네페쉬」로서, 즉 유기체적인 마음을 가진 육체로서의 인간은 동물세계와 연속적인 관계에 있다는 뜻이다.

마지막으로 성경은 우리의 본성에 관한 제3의 방법을 계속 언급한다. 즉 인간은 「영생」을 소유할 수 있다는 것이다. 인간은 영적으로는 죽더라도 영생을 얻을 수 있다. 그리고 죽음으로부터 구원을 받을 수 있다. 이러한 주장은 과학자가 인간의 육체를 하나의 기계장치로서 이해하려는 시도가 성공할 수 없다고 하는 어떠한 암시도 내포하지 않는다.

3. 인간은 하나의 기계인가?

먼저 「인간은 단지 하나의 기계인가?」라는 질문을 주의 깊게 살펴보자.

이 질문을 한 사람이 정신이 없는 사람이라면 그 대답은 있을 수 없을 것이다. 왜냐하면 만약 그가 정신이 없는 사람이라면 그런 질문을 하지 않았을 것이고, 더구나 질문을 받은 사람에게 대답할 때 그 요점을 지적하지도 못했을 것이기 때문이다.

우리는 이 논증이 상당한 세력을 가지고 있다고 생각하지만 여기 우리의 문제를 계속 의존할 필요는 없다. 내가 지적하고 싶은 것은 「단지」란 말은 애매모호하다는 것이다. 4장에서 다룬 애매모호성이 이 질문에서 제거된다면 이 질문 속에 있는 인간은 기계인가? 라고 묻는 독소적인 문제는 없어진다는 점이다.

4장에서 살펴보았듯이 광고판이 「단지 판자 위에 있는 전구들의 불빛에 불과하다」고 주장한다면, 그리고 그렇게 주장하는 것은 아니라고 한다면 아무도 그의 주장을 부인하지는 못할 것이다. 한두 가지의 예를 더 들자면 아마도 이런 점에서 그 광고의 일반성을 끌어낼 수 있고 또 그 광고를 부인하는 「말단지엽주의」의 어리석음을 지적하는 데 도움이 될 것이다.

그 한 예로, 벽에 「금연」이라고 적혀있는 경고는 종이 위에 「단순히」 잉크로 써서 제시할 수도 있겠지만, 만약 누가 그 사실, 즉 그 경고의 내용을 보지 못함에 대한 양해를 얻을 수 있다고 생각한다면 안내인은 곧 그로 하여금 그 경고를 다른 관점에서 볼 수 있도록 주의해야 할 것이다. 그가 종이에 적힌 것이 「단지 잉크에 불과하다」고 주장할 때는 그 단순한 글자상의 의미에서는 진실을 말하고 있는 것이다. 그러나 만약 그가 보기에 그 글자가 전달하는 (사실은 경고하는) 의미는 없다고 생각을 한다면 그는 잠꼬대 같은 소리를 하고 있는 것이 된다. 「오로지」 라는 말은 자주 불편한 상황의 요점을 애매모호하게 주장하는 어떤 예언을 시도함에 불과하다. 그러면 또 다른 예를 들어보도록 하자.

수학자나 사무원이 컴퓨터에 어떤 문제를 의뢰하면 컴퓨터가 작동하고, 그 해답은 결과로 인쇄되어 나온다. 어떤 문제가 잘못 의뢰되어 컴퓨터가 어떤 신호를 보내거나 끝없는 반복활동을 계속한다고 가정해 보자. 이 때 우리는 컴퓨터 기사에게 기계에 무슨 일이 일어났느냐고 물어볼 수 있을 것이다.

그 기사는 컴퓨터에 있는 모든 트랜지스터를 통해 전류를 측정해서 컴퓨터에 의뢰된 문제는 절대로 고려하지 않고 순전히 전기 용어로만 그 상황을 설명할 것이다. 그러자 이제 수학자가 「잠깐 기다려, 나는 무엇이 잘못되었는지 안다. 프로그램—정보처리에 필요한 명령어군—에 잘못이 있다」고 말한다면 어떨까? 그렇다면 이 말은 컴퓨터 기사가 한 말과 상충되는 것일까? 전혀 그렇지 않다.

만약 컴퓨터의 잘못으로 문제가 발생했다면 물론 상황은 아주 딴판이었을 것이다. 일반적으로 같은 시점에서 두 가지 이야기가 다 진실일 여지가 있을 뿐만 아니라, 반드시 진실을 요한다는 것이 문제의 요점이 된다. 따라서 우리가 질문을 해야 하는 것은 어느 이야기가 진실하냐가 아니라, 어느 이야기가 특정한 상황에 적당한가이다.

그러나 우리가 4장에서 살펴본 바와 같이 「말단 지엽주의적」인 가정—누가 한쪽에서 완전한 설명을 증언하면 또 다른 쪽 사람들은 자동적으로 다른 쪽을 배격한다—은 논리에 있어서 완전한 모순이다. 실제로 말단 지엽주의적(Nothing Buttery) 가정은 (비현실적인 희망) 관측의 한 예일 때가 흔히 있다.

인간의 뇌를 기계적인 관점에서 설명하면 인간의 정신적인 본성은 배격될 것이라고 주장함으로써 말단 지엽주의를 인간에게 적용시키려는 사람은 논리적인 벽을 무너뜨리는 격이 된다. 그러나 이 설명이 기독교적으로 진실임에 틀림없다는 것을 의미하는 것은 아니다. 단지 기독교적인 설명이 사람들이 알고 있는 물리학이나 화학, 그리고 정보공학적인 면에서의 어떠한 기계적 설명에 의해서도 부정되지 않는다는 것을 의미한다.

폭같은 이유에서 기독교인들은 뇌에 관한 과학의 발달을 방해해야 할 아무런 성서적 정당성을 갖고 있지 않다고 주장하고 싶다. 인간의 「물리적」, 「정신적」 그리고 「영적」 범주는 상호보완적인 것이다. 이 모든 범주들은 모두가 인간됨의 전체현상에 의해 포용된다.

4. 인간은 「단지」 동물인가?

우리는 작은 변화에서 큰 변화로 이끌어주는 논증 혹은 일정한 연속관계로부터 끌어낼 논증이라고 일컫는 것에 기초를 둔 다른 종류의 결함을 고려해야 한다. 이러한 가정 아래서 인간은 「단지」 기계가 아니라면 적어도 동물이라고밖에는 말할 수밖에 없지 아니한가?

여기서도 역시 「단지」라는 말을 살펴보아야 한다. 여기서 「단지」가 뜻하는 것은 단순히 인간의 뇌를 따로 살펴보면 하등동물의 뇌에서 발견할 수 있는 것과 똑같은 작용을 발견할 수 있다는 것이다. 여기에는 나도 찬성할 수 있다. 그러나 「작은 변화에서 큰 변화로 이끌어지는 논증」은 만일 동물의 뇌가 점점 복잡해짐에 따라 인간의 뇌가 가장 복잡한 동물의 뇌와 연속관계를 갖게 되었다고 생각한다면 우리는 인간이 하등동물과 본질적으로는 전혀 구별될 수 없다는 것을 인정해야만 한다. 물론 생활에 관한 유전공학에 따르면 인간으로부터 낮아지기 시작한 종(種)들이 완전히 연속적인 관계에 있을 수 있다는 이론은 불가능하다.

어떤 종에 있어서 그 자손에게 큰 변화가 일어나려면 유전적인 서열(序列)에서 돌연변이 혹은 불연속적인 변화가 필요하다. 변화가 크면 클수록 그 변화는 유전적인 서열에서 불연속적인 도약을 포함할 가능성이 커진다. 뇌의 형태에 있어서 연속적인 관계는 인간을 정점으로 해서 그 하부구조로 계속 형성되고 있다는 생각은 아마도 실질적인 유전이론이 되지는 못할 것이다.

그럼에도 불구하고 우리의 사고를 확실히 하기 위해 그런 연속적인 관계가 있었다고 가정해 보자. 그런 경우가 있었다고 하여 인간과 다른 동물 사이의 차이점은 결코 없어질 수 없다. 만약 어린이에게 500자가 적힌 카드가 들어간 상자를 준다면 어린이는 진실이거나 혹은 거짓인 어떤 문장을 만드는데 그것들을 사용할 수 있을 것이다. 이렇게 어린이에게 어떤 의미의 전달수단을 부여한 후, 글자를 하나하나를 줄여서, 어느새 어린이에게 단 두 글자밖에 남지 않았다고 생각해 보자. 어느 면에서는 지금 어린이가 가지고 있는 글자(생각)는 500자가 들어있던 원래의 상자와 연속적인 관계가 있을 것이다. 그러나 500자로써 만들 수 있는 것과 두 자로 만들 수 있는 것 사이에는 어떠한 변화, 즉 작은 변화에서 큰 변화로 인도됨으로 어떠한 논증도 제거할 수 없는 근본적인 차이점이 분명히 존재한다.

실제로 거기에는 두 글자 이하로는 어떠한 문장도 구성될 수 없는 특별한 「한계상황」이 존재한다. 다시 말해, 버너에 가스를 주입해 가스와 공기를 혼합하려 할 때, 만약 우리가 너무 많은 공기를 혼합하여 불이 붙은 나무를 버너에 갖다 댄다 해도 불이 붙지 않는 것과 같다. 그러나 점차로 공기에 대한 가스의

비율을 증가시키면—연속적인 과정—우리는 갑자기 불길이 일어
나는 점에 도달할 것이다. 이것은 질적으로 새로운 현상이다.
하나의 극단과 다른 극단 사이에 있어서의 연속적인 변화를 발
견하는 것(혹은 자명한 것으로 가정하는 것)이 질적으로 새로운 현
상이 일어날 수 있는 가능성을 배제하지 않는다는 것이다.

인간은 다른 동물들과는 질적으로, 그리고 근본적으로 다르
다는 기독교적인 신앙이 인간 두뇌발달의 경우 하등동물의 두
뇌발달과는 어떤 형식으로도 연속적인 관계에 있지 않다.

5. 영생

마지막으로 인간에 대한 기독교적인 관념과 과학적 관념이라
는 명제 아래, 부활에 의해 영생에 이른다고 하는 기독교적 교
리는 어떤 것인가? 우리는 인간이 정신과 육체의 결합체라는
관점이 기독교적인 교리를 진지하게 받아들이기를 곤란하게 한
다고 생각할 수 있을까? 나는 그렇지 않다고 생각한다.

우리가 이미 인용한 바 있는 예들은 이 사실을 명확히 해줄
것이다. 흑판 위에 분필로 적어놓은 전달사항의 경우를 예로
들어보자. 흑판을 깨끗이 하기 위해 분필만 남을 때까지 흑판
을 닦는다. 흑판의 관점에서 보면 그 전달사항은 없어져 버렸
다. 그러나 똑같은 전달사항을 다시금 표현하고자 하는 데는
어려움이 없다. 그렇게 하려면 원래의 분필을 사용할 필요가
없고, 구태여 꼭 분필만을 사용할 필요도 없는 것이다. 중요한
것은 전달사항이 구체화될 수 있게 분필로써 글자를 배열하는

일인데, 그 전달사항이 새로운 형태를 나타내는 데에 있어 같은 재료를 쓰느냐 혹은 다른 재료를 쓰느냐, 혹은 본질적인 면에서는 똑같다고 인정할 수 있는 전혀 새로운 매개체(예를 들면 말 같은 것)로 그것을 표현하느냐 하는 것은 순전히 우리의 의지에 달려있다.

만약 어느 주어진 프로그램(정보처리에 필요한 명령어군)을 작동시키는 컴퓨터가 불이 나서 망가져 버렸다면, 우리는 그 프로그램의 특정한 구체화가 끝났다고 말할 수 있을 것이다. 그러나 만약 우리가 그와 똑같은 프로그램을 새로운 체제로 나타내기를 원한다면 원래의 컴퓨터 부품을 복원하거나 원래의 기계장치를 모방하는 것은 불필요하다. 똑같은 구조나 관계의 연속을 표시해주는 어떠한 활동적인 매개체(심지어 종이와 연필을 사용해서라도)도 원칙적으로는 그 프로그램을 구체화시킬 수 있는 것이다.

흑판에 전달사항은 컴퓨터의 프로그램이 그의 구체적인 표현에 연결되어 있는 것이다. 같은 방식으로, 인간의 개성이 그의 육체에 연결되어 있다면 두뇌 과학이 영생의 가능성에 반대 입장을 취해야 할 이유는 없다. 비록 인간의 육체가 이 세상에서 사라진다 하더라도 새로 나타날 세상에서는 새로운 인간으로 다시 구현될 것이 하나님의 뜻이라면 이러한 영생의 가능성은 어떤 면에서 우리의 과학적 지식에 위배되지 않는다고 보아야 할 것이다.

인간이 부활한다는 기독교적인 교리 속에는 과학자로서의 우리가 그동안 육체적인 활동에 관한 순전한 기계적 설명을 발견하는 데 좌절감을 느껴야 한다는 이론을 암시하는 바가 없다.

8장
자유와 책임*

---

* 7장에서와 마찬가지로 8장도 처음 읽고서는 이해가 어려울 것이다. 약
간의 반론들이 부록에 수록되어 있다.

이제까지의 우리의 논증은 인간적인 범주와 영적인 범주는 인간의 활동에 관한 기계적 사고에 의해서 절대로 배제되지 않는다. 물질적인 수준에서 인간의 두뇌는 금전등록기처럼 기계적이라고 생각하더라도, 이들 사고의 범주는 그것들이 항상 그랬듯 유효하다. 이제는 자유와 책임에 관한 질문을 고려해야 할 차례이다.

우리가 금전등록기에 작동에 대한 책임을 지울 수 없듯이 우리는 인간에게 인간의 활동에 대한 책임을 지울 수 없는 것일까? 죄의 개념은 무엇인가? 죄는 단순히 자연적인 현상으로 축소될 수 있는가? 신학적인 면에서보다 성경에서 인간의 책임으로 인식하는 바가 무엇인지를 알아보자.

근본적으로 인간의 책임은 하나님에게 대답하는 능력을 의미한다. 여기서 우리는, 우리의 상황과 7장에서 이미 살펴본 셰익스피어에 의해 묘사된 햄릿의 상황에 매우 큰 차이가 있음을 알게 된다. 셰익스피어는 단순한 인간이었다. 햄릿은 셰익스피어를 몰랐고 알 수도 없었다.

성경과 기독교적 신앙 경험에 따라 각자의 상황을 다르게 표현하는 것은, 우리의 세계에서 창조주가 자기가 창조한 세계의 대리인으로서 그 세계에 자신을 투사함으로써 자신을 알릴 수 있는 주권을 가지고 계시다는 점이다.

하나님은 예수라는 사람과 그의 생애와 그의 활동을 통해서 유일하게 그리고 강력하게 그의 성령을 통해 역사해 왔다. 그래서 하나님은 스스로 자기가 만든 극(劇)의 대리인이 됨으로써 우리가 원칙적으로 그를 알 수 있을 뿐만 아니라 그에게 긍정적으로 또는 부정적으로 대답할 수 있다. 왜냐하면 그는 우리

를 책임 있는 존재라고 부르고 또 우리로 하여금 긍정적으로
우리 자신의 이기주의적인 소욕을 버리게 함으로써 그 자신과
의 유대관계 속으로 우리를 인도하기 때문이다.

1. 죄

죄의 개념이 생기는 것은 바로 인간이 하나님과의 관계가 단
절됨이다. 우리는 그와의 유대관계를 파괴했을 뿐만 아니라 그
와의 유대관계를 싫어하고 있다.

여기서 죄가 되는 것은 우리가 바로 하나님을 싫어하는 것
자체 때문이다. 그렇다면 「누가 그 죄의 주인공이 되어야 하는
가?」라는 질문이 생긴다. 우리는 나날이 우리가 대하는 창조자
와의 「유대관계」를 유지할 수 없는 것이 우리의 죄 된 생활 때
문이라는 것을 분명히 알아야 한다. 그러므로 후자의 죄는 이
하나님과의 깨어진 유대관계로 말미암은 자연적인 결과이고,
죄란 우연히도 심리학자들이 언급하는 인간의 반사회적 행동이
라는 「자연 상태」에 관한 이론과 일치한다. 우리가 이런 죄를
범하는 것은 당연하다는 논리가 문제이다. 우리는 이른바 타락
한 성품을 가지고 있는 것이다.

기독교인들이 이 죄를 심리학적으로는 설명할 수 없다고 주
장하는 것은 큰 잘못이다. 나는 우리의 인간성 속에 있는 이
모든 죄의 성품들은 원칙적으로 심리학적인 설명이 가능하다고
믿는다. 왜냐하면 그러한 설명은 인간이 하나의 인격적 통일체
이고, 인간의 본성이 타락되었다고 하는 기독교적인 주장을 따

르기 위해 그것을 기술적인 용어로써 풀이한 것이 심리학이기 때문이다.

성경에 따르면 인간의 본성은 하나님과 인간의 간격을 좁히는 구원을 얻을 때까지 하나님의 마음과는 근본적으로 유대관계를 지속할 수 없는 하나의 고장난 통일체이다. 성경에서 죄라고 하는 것은 심리학자들이 발견할 수 있는「자연인의 상태」를 말하는 것이고 과학자, 특히 종교 심리학자들은 계속적으로 연구해서 인간의 타락함에 상응하는 심리학적 상태를 발견할 수 있도록 기대하고 고무시켜야 한다.

자연 질서에 대한 하나님의 저주는 인간의 죄에 대한 유혹뿐만 아니라 고통과 좌절 등 많은 경로를 통해서 경험하게 되는데, 죄악은 자연 질서의 전체구조에 대한 저주이고 또한 자연 질서의 한 부분으로서의 인간 자신의 신체구조에 대한 저주이기도 하다.

인간은 그 신체구조를 통해서 표현된 인간의 개성이 역시 저주상태에 놓여 있다는 것을 생각해 보아야 한다. 아마도 타락과 저주라는 말로 나타난 것을 인간적인 방법으로는 신학자자들이「원죄(原罪)」라는 말로 표현한 말과 유사하다. 여기서 나는 그 말보다 더 깊은 의미로 파고 들어가고 싶지는 않다.

내가 제안하고 싶은 것은 인간은 피조물로서의 우리 자신을 자연 질서로부터 분리시키지 말아야 하고 또 우주 전체의 자연 질서에 대한 저주가 우리 인간의 신체구조에 영향을 미치지 않을 것이라고는 기대할 수가 없다는 것이다.

22

2. 책임

　그렇다면 인간의 책임이란 문제는 어떠한가? 내가 하나님에 대한 나의 태도와 관련하여 어떤 선택에 직면했을 때, 나는 원칙적으로 유능한 과학자가 되는 것이 나의 어떠한 선택을 예언할 수 있을까? 그렇다면 나는 그 예언을 실험해야 하는 걸까? 그리고 나서 나는 그 선택에 대해서 어떻게 책임을 져야 하는가? 만약 우리의 두뇌가 금전등록기처럼 기계적이라면, 그리고 과학자의 예언을 우리가 미리 알 수 있다면 우리는 선택을 하기 전에 이미 그 결과를 필연적으로 고정시켜 버릴 것이 아닌가?

　이것은 매우 강력한 논증처럼 들려서 「자유의지」에 관한 전통적인 논쟁의 찬반 양쪽에 선 사람들에 의해 절대적으로 받아들여졌다. 그러나 인간의 책임을 자세히 고찰해 보면, 형이하학적 이론으로서의 결정론에 대한 찬반양론과는 무관하기 때문에 아무런 가치 없는 공론임이 판명되었다.

　이 사실을 확실히 하기 위하여 우리는 뇌의 외부 동작, 즉 뇌에 작용하는 에너지와 뇌 속에 작용하는 에너지에 대한 지식을 충분히 구분한 상태에서 관찰하고, 관찰자(비밀로)가 우리의 행동을 예언할 수 있다면 어떤 결과가 초래될 것인지를 살펴보지 않을 수 없다.

　실제로 이것은 거의 불가능한 일이지만 원칙적으로는 우리 뇌의 세포가 하는 모든 일을 알게 될 것이며, 그 뇌의 세포에 작용하는 외부적 영향들을 아는 사람은 우리가 아직 내리지 않은 결정적인 결과를 은밀히 성공적으로 예언할 수 있다고 상상할 수 있을 것이다.

논리상 과학자가 어떤 사실을 예언할 수 있고 또 예언했다고 가정하자. 그리고 「잠시 기다린 후에 보라」고 말할 것이다. 「나는 지금 당장에는 당신에게 나의 예언을 말하지 않지만 당신은 적당한 시간이 지나면 내가 옳다는 것을 알게 될 것이다」. 그래서 우리가 결정을 내리고 나면 과학자는 우리가 결정을 내리기 전에 어떤 결정을 내리려고 했던가를 이미 알고 있었다는 증거를 보여주면서 기록과 증거를 제시할 것이다.

과학자가 예언을 할 수 있다는 사실을 알기만 하면, 과학자의 이 예언적 지식이 우리에게는 항상 필연적인 결과가 될 것이라는 사실을 증명되는 것일까? 그것은 세밀히 고찰해 보아야겠지만, 사실은 전혀 그렇지가 않다. 우리가 인정할 수 있듯이 예언은, 단지 그 결과와는 분리된 관찰자의 입장에서 본 것을 예언할 수 있는(그런 의미에서 필연적이다) 것을 보여줄 따름이다.

그런데 과학자가 그 예언이 당신에게도 필연적이라는 것을 주장하기 위해서는, 과학자가 예언할 수 있다는 사실을 알기만 하면 그 예언 역시 우리가 필연적이라고 받아들여도 옳은 결과를 보여주게 될 것이다. 그런데 불행히도 과학자는 그런 식으로는 예언하지 않았다! 중요한 것은 (기계적인 뇌의 이론 자체에 의하면) 우리가 믿는 것, 그리고 우리가 필연적이라고 받아들이는 것 등이 엄밀한 의미에서 우리의 뇌의 상태에 의해서 표현된다는 것이다.

따라서 현재나 혹은 가까운 미래에 대한 우리의 뇌의 상태를 아무리 완벽하게 묘사한다고 하더라도 우리가 그 뇌의 묘사를 믿느냐, 믿지 않느냐에 관계없이 그것은 똑같이 정확할 수가 없다. 즉 우리가 뇌를 믿었을 때는 그 뇌의 상태가 어떤 면에서는 이미 변해 버렸기 때문에 뇌의 묘사는 이미 낡은 자료가 되어 버렸기 때문에 뇌를 믿는 것이 잘못이 되어버릴 가능성이 있다.

달리 표현해서, 우리가 뇌를 믿는 데에 따르는 뇌의 효능(더욱 상세히 말하면 뇌의 상호관계)을 인정하도록 교묘히 조정되어 있고 우리가 그 효능을 믿기만 하면 우리의 뇌에는 변화가 와서 그 사실을 정당화할 수 있도록 가정한다. 우리가 뇌의 묘사를 믿지 않는다 해도 잘못은 아닐 것이다. 왜냐하면 그런 경우에 있어서는 우리의 뇌가 이미 묘사된 상태에 머물러 있지 않을 것이기 때문이다.

간단히 말해서 사실과 분리된 관찰자에 의해서 아무리 예언할 수 있다고 하더라도 우리 뇌의 현재와 미래의 상태는 우리가 사실을 알기만 하면 절대적으로 받아들이면 옳고 부정하면 실수를 저지르게 되는 그렇게 완전히 확정된 이론은 가질 수가 없다. 우리의 가까운 미래는 우리에게 필연적인 것은 아니다.

다시 말하면, 사건이 일어나기 전까지 우리와 관찰자들이 협의해도 좋은 우리의 가까운 미래에 대한 어떠한 세부적인 계획에는 도저히 도달할 수 없다. 관찰자가 얻은 지식은 비록 관찰자가 후에 우리에게 공유될지는 몰라도 우리가 선택할 당시의 상황에 관한 그 특별한 논리적 사실, 즉 그것은 「논리적으로 막연한」* 것이라는 사실을 확실하게 할 뿐이다.

그런데 여기서 주의할 점은, 이러한 의미에서 우리의 미래에 관한 모든 사고가 막연하다는 것을 주장하는 것은 아니라는 점

---

* 8장의 마지막에 제시하고 있는 주를 참고하라.

124

이다. 예컨대 다음 달 안으로 어떤 시간에 우리가 먹고 마실 것을 결정할 것이라는 예언, 혹은 우리의 맥박이 지금 막 증가하려하고 있다는 예언은, 비록 우리가 그것을 알고 또 그것을 믿고 있다고 하더라도 엄청나게 차이가 생기는 것은 아닐 것이다. 더군다나 우리가 이미 취하기로 결정한 미래의 행동, 예컨대 빚을 갚기로 한 경우 그것이 우리에게 예언되었을지라도 그것을 바꾸고 싶지는 않을 것이다.

따라서 모든 경우에 있어서의 물음은, 우리가 원한다면 그 예언을 우리가 믿을 수 있는지 없는지를 묻는 것이 아니고, 그 예언이 우리의 동의를 절대적으로 요구하느냐 않느냐를 묻는 것이다. 만약 우리가 분리된 관찰자가 한 예언을 알기만 한다면 우리는 그것을 좋아하든 좋아하지 않든 간에 그것을 믿지 않는다면 우리의 잘못이 되는 것일까? 만약 그렇지 않다면 그 예언의 행동은 우리에게 필연적인 것이 아닌 것이다.

다시, 예언할 수 있는 자료를 가진 유능한 과학자의 경우로 돌아가 보자. 그 과학자가 기록한 예언은 단지 그 자신을 구속하는 것이지 결코 우리를 구속하는 것이 아니다. 비록 아무도 우리에게 예언해 주지는 않는다 하더라도 우리의 동의를 절대적으로 요구하는 예언은 그 자체부터 자격이 없어진다. 우리가 예언할 명세서를 우리가 미리 받아들였다면, 그 명세서가 작성된 근거는 필연적으로 부당한 결과가 될 것이다. 왜냐하면 우리가 행동할 것을 사고하기 이전에 우리는 미리 결심을 갖게 되는 결과를 초래하기 때문이다.

그렇다면 중요한 질문은 「그 예언자는 자기가 작성한 예언의 명세서를 믿는 것이 정당한 것일까?」 아니면 「만약 내가 분리된 관찰자가 내린 예언을 알기만 하면, 명세서에 적힌 것은 고정되고 필연적인 것으로 믿으면 정당한 것이 아닌가?(믿지 않으면 잘못이란 말인가)」일 것이다.

만약 예언자가 자기 자신 속에 예언을 간직했다면 그가 예언을 믿는 것은 정당할 것이고, 믿지 않으면 잘못일 것이다. 그러나 그는 우리가 예언을 믿는 것이 정당하다고 강요할 수는 없는 것이다.

이제까지의 논증을 요약해 보기로 하자. 역설적으로 보일지도 모르지만 우리는 어느 분리된 관찰자가, 우리의 미래에 대해 (우리 몰래) 어떤 것을 믿는다는 것은 자가당착임에 분명하다. 여기서의 의미는 그가 우리에게 말한 것이 거짓이라는 것이 아니고, 우리에게는 그 예언이 그 예언이 무의미하다는 것이다. 우리가 아직 내리지 않은 결정에 대한 예언자의 생각을 우리가 믿는다고 하더라도 우리는 그 예언자가 묘사하고 있는 그런 사람이 된다는 것이 불가능할 것이다.

뇌가 비록 시계의 태엽장치처럼 기계적이라 하더라도 우리는 관찰자가 내린 예언을 알기만 한다면 그것을 필연적이라고 받아들여도 정당할 것이다. 그러나 아직 취하지도 않은 선택에 대한 어떤 완전한 예언이 존재한다는 것을 믿는 것은 잘못일 것이다.

분리된 관찰자의 예언은 우리를 구속하는 미래의 선택에 대한 것으로서는 결코 존재할 수 없다. 이러한 의미에서 우리의 미래는, 최소한도 자세하게 예측할 수 있다고 할 수 있다. 하지만 그것이 논리적으로는 막연하다. 다른 사람들에게는 선택이 비록 예언될 수 있을지라도, 하나의 정상적인 선택은 여전히 그 결과가 우리의 태도에 달려있다.

만약 우리가 선택을 취하지 않으면 선택은 이루어지지 않을 것이고, 우리가 선택을 내리는 방법에 따라 그 결과가 결정될 것이다. 미래의 선택이 분리된 관찰자에 의해 미리 예언될 수 있었다 하더라도, 선택에 대한 책임을 면할 수는 없다. 관찰자가 기대하는 바, 그가 정당하다는 것을 보여주는 똑같은 증거가 있어야 한다. 만약 우리가 그의 견해와 같이 예언을 했다면 우리의 생각이 역시 옳다는 것을 보여줄 것이기 때문이다.

3. 예정론

하나님의 예정론에 대한 교리는 우리가 미래에 대한 묘사를 알기만 한다면 그것이 하나님에게 알려져 있는 지식이기 때문에, 우리를 항상 구속하는 것은 우리가 아직 내리지 않은 미래의 결정을 포함해서 우리의 미래를 예언한 것이 이미 존재함을 의미한다. 여기에 익숙하지 않은 우리들에게는 이 운명적인 예정론이 이상하게 들릴지 모른다.

이상하게 생각함으로써 하나님에게 영광을 돌릴 수는 없다는 것만은 확실하다. 지금 이 순간, 우리는 하나님의 예정에 대해서는 아무것도 모른다. 그래서 만약 예정론이 존재한다 해도 그 예정론을 우리는 믿지 않으려고 할 것이다.

이런 경우, 우리가 예정을 믿으면 그것은 잘못이 될 수도 있다. 왜냐하면 우리가 예정을 믿는다면 예정론이 거짓임을 입증하게 되기 때문이다. 또 한편으로는 우리가 예정을 믿기 위해 우리의 생각을 바꾼다는 것 또한 아무런 소용이 없다. 왜냐하면 그런 경우에 있어서는 예정이 당장 거짓이 되어버리기 때문이다.

따라서 우리의 미래에 대한 하나님의 「예지(豫知)」는 이상하게도 우리에게 알려지지 않은 절대적인 논리적 주장을 지니지 못한다. 이것이 알미니안주의(Arminianism: 인간의 자유의지를 주장)와 칼빈주의(Calvinism; 인생관은 모두 신의 절대성, 성서의 권위, 신의 뜻에 의한 것임을 주장)와의 신학적인 논쟁과 인간의 책임에 관한 문제에 있어서, 물질적 혹은 심리학적 결정론(기술적인 과학적 의미에서)과 자유(의지론) 사이의 철학적 논쟁에 깔려 있는 오류를 증명해 준다고 믿는다.

하나님이 인간의 모든 구석구석까지를 지배한다고 하더라도, 우리가 우리의 미래에 대한 예언을 알기만 한다면, 우리가 그 예언을 좋아하든 좋아하지 않든 간에 우리가 믿으면 옳고 믿지 않으면 잘못이 될 어떠한 결정적인 예언도 존재하지 않는다는 의미에서 우리의 자유스러운 신념은 부정되지 않을 것이다. 그리고 우리의 미래에 대한 하나님의 「예지(豫知)」는 그것이 신학적인 문제라기보다는 논리적인 문제를 명확히 하기 위해서, 우리가 7장에서 이미 논의한 바 있는 햄릿과 셰익스피어의 경우에서 그 예언이 어떻게 적용되는지를 살펴보아야 한다.

이 극의 내용을 알고 있는 우리는 햄릿의 선택에 관한 「결정적인」 진술을 책임질 위치에 있다. 예컨대 「햄릿은 왕을 죽이려고 결심했다—셰익스피어는 그렇게 하도록 햄릿의 운명을 결정 지워 주었다」라고 말할 수 있을 것이다. 그러나 이제 우리 자신에 대한 예언, 즉, 햄릿이 셰익스피어의 예정을 알았더라면 햄릿 자신은 예정을 믿는 것이 옳았을 것이 아닌가? 그리고 가련한 친구인 햄릿이 비록 자신이 자유로운 선택을 할 수 있었다 하더라도 사실은 그가 알고 있는 것을 선택할 수밖에는 없었을 것이다. 그는 단지 달리 생각할 수는 없었을 따름이라고 우리는 주장할 수 있을까? 반문해 볼 수밖에 없다. 물론 그렇게 주장할 수는 없다.

햄릿이 왕을 죽이기로 결정했다고 생각하는 것은 우리의 관점에서 볼 때는 정당할지 몰라도, 그가 그런 결심을 하기 전까지는 거짓이라고는 할 수 없다. 논리적으로는 무의미하다.

우리가 만약, 그 말(왕을 죽이기로 결심했다는 말)을 논리학자에게 분석하도록 부탁한다면 논리학자는 선택이 있기 전에는 그 말이 햄릿에게는 유효하지 않다고 판정할 것이다. 왜냐하면 그 말의 유효성은 햄릿이 그 예언을 믿지 않는다는 것을 조건으로 삼고 있기 때문이다. 그 말을 믿었다면 햄릿과 같은 사람은 아직도 자신이 결정을 내리지 않고 있는 상태이므로, 그런 상태에서 실지로 달리 마음을 먹어서 왕을 죽이기로 결심하지는 않았을 것이고 또 할 수도 없었을 것이다.

그러므로 그 사람에게는 그 말이 자체적으로 무효화되어 버린다. 그래서 햄릿의 (창조된) 세계에 있어서는 그가 자기의 미래에 대한 생각을 믿든 안 믿든 상관없이 똑같이 그것은 정확하다. 즉 그가 미래를 알기만 한다면 절대적으로 자신의 동의를 요구하는 자신의 미래에 대한 완전한 묘사가 존재하지 않고 또 존재할 수도 없다. 이러한 의미에서 햄릿이 그의 마음을 결정하기 전까지는 그의 미래는 「논리적으로 막연하다」.

우리의 세계는 실제적인 데 반해, 햄릿의 세계는 단지 가상적인 세계이다. 때문에 그런 세계는 반대에 부닥칠지 모른다. 그러나 가상적인 세계란 사실이 과학적 유추의 한계에서는 정당하고 중요할지 모른다. 하지만 창조자는 자기가 창조한 피조물에 대해 알지만, 피조물은 창조자가 아닌 것을 다 알지 못한다. 그러므로 예정을 전적으로 믿는 것이 반드시 필연적으로 옳은(믿지 않으면 잘못이지만) 것은 아니라는 논리적 문제에 어떠한 영향도 미치지 않는다.

4. 범죄의 책임

이제까지의 논증이 옳다면 심리학과 종교 사이에 있던 많은 마찰은 단번에 해결될 것처럼 보인다.

예를 들어 범죄의 책임에 관한 말썽 많은 문제에 대해 생각해 보자. 나는 1장에서 「내 얼굴이 못생긴 죄는 내 잘못이 아니고 나의 내분비선에 이상이 있기 때문이다」라고 못난 소녀의 주장을 언급한 바 있다. 전형적으로 건강한 사람에 대해서 앞에서 든 예를 들어 내가 제안하고 싶은 것은, 「죄는 당신의 잘못이지 당신의 내분비선의 이상이 아니다」가 아니고 「죄는 당신의 잘못이기도 하고, 또는 (틀림없이) 당신의 내분비선에 이상이 있기도 하다」는 것이다. 당신의 내분비선에 대해서 이야기하는 것은 인간이란 기계장치가 어떻게 작동하는가에 대한 이야기이고 그것이 당신의 잘못이라는 데에 대한 이야기는 그 기계장치가 작동하는 중요도에 대한 이야기이다.

우리가 모든 죄인들을 가리켜 「병들었다」 혹은 「죄가 있다」

고 하는 것 중에서 어느 것을 선택해야 하는가를 부적당한 말로써 논의한다면 문제를 혼동하게 된다. 사회적인 입장에서 보면, 어떠한 죄인도 자신의 입장에서는 아마도 자신의 잘못을 「건강하지 못한」 탓으로 규정할 것이다. 그러므로 이러한 의미에서 그 소녀는 「병들었다」 그러나 이 사실로부터 우리가 그 죄인의 행동에 대한 책임을 면제해줌으로써 그에게 모욕을 줄 권리가 있다고 결론을 내린다는 것은 부당하며 비인간적이다.

죄인이 「병들었다」라고 규정하는 것은, 죄인이 자기가 하는 행동에 대한 예언을 알거나 모르거나, 혹은 좋아하거나 싫어하거나에 관계없이 똑같이 병든 상태에서 그 죄인을 구속하는 예언을 원칙적으로 가능하게 한다는 것이다. 적어도 어떤 예언이 존재한다는 것을 내포한다는 증거가 있기만 하면 미래는 규정될 수 있을 것이다.

예컨대 뇌의 상처나 질병의 경우에는 이런 의미에서 당사자에게 필연적으로 따르는 행동이 있을 수 있다. 필연적인 행동의 정도에 따라 그의 책임이 감소하거나 혹은 전혀 없어지게 된다는 것을 인정해야 한다. 그러나 여기서 필요한 것은 기계적인 설명을 해야 할 행동과 그렇지 못한 행동 사이의 구별이 아니고, 비록 모든 행동이 기계적으로 설명될 수 있다고 하더라도 그것이 당사자에게는 필연적인 행동인가 아닌가의 구별인 것이다. 집단 속에 있는 인간에 대해서 전형적으로 일반화시킬 수 있는 사회학에서는 이 구별이 더 큰 의미를 갖는다.

예컨대, 어떤 특정한 환경에 처해 있는 빈민굴에서는 몇 %의 어린이가 범죄인이 될 것이라는 예언이 가능할 것이다. 이러한 조선 아래에서 죄인들은 그들의 죄에 대한 책임이 면제될 수 있다고 생각할 것이다. 왜냐하면 그들은 그런 식으로 성장하는 것이 이미 「고정되고 필연적」인 일이기 때문이다. 그러나 범죄가 과연 고정되고 필연적인 일일까?

여러분과 내가 사회학자이고 또 관찰을 토대로 해서, 어떤 특정한 어린이가 1년이란 기간이 지난 뒤 감옥에 수감되리라는 것을 예언할 수 있다고 가정해 보자. 만약 우리가 그 예언이 실현되기를 바란다면, 우리는 외딴곳으로 비행기를 타고 떠나거나 혹은 다른 방법으로, 우리가 내린 예언(그리고 우리 자신)이 그 상황에는 아무런 영향을 끼치지 않는다는 것을 확실히 보여주어야 한다. 그리고 나서 우리가 내린 예언이 실현되었는지를 보기 위해 얼마 후 다시 돌아왔다고 하자. 그 예언이 실현되었다고 가정했을 때, 「이런 상황이 발생하는 것은 이미 고정되어 있었고 필연적이었다」고 우리는 마음에 가책됨 없이 말할 수 있을까? 물론 그렇게 말할 수는 없다.

우리가 한 예언에 따라 그 어린이가 우리의 예언을 들어보지도 않고, 믿지도 않는다는 가정 아래서 끌어냈기 때문에, 우리가 한 예정이 반드시 어린이 자신의 동의를 절대적으로 요구할 수는 없다.

또한, 그 예언은 우리들의 동의를 절대적으로 요구하지는 않는다. 왜냐하면 우리가 예정할 당시, 우리가 예정과 다른 태도를 취하는 것이 똑같이 가능하기 때문이다.

「이것이 매우 심각한 문제인데, 이런 상황에 대해서 우리는 어떻게 해야 하는가?」라고 말할 수 있을 것이다. 그 상황에 개입해서 개인의 생활 여건을 향상시키기 위해 최선을 다함으로써 우리는 우리가 내렸던 예언의 전체적인 근거를 완전히 부정할 수 있게 된다. 그렇게 함으로써 우리가 내린 예언은 결코 「고정되거나 필연적인」 것이 되지 못하고, 단지 그 예언이 발생하기를 원하는가 아닌가에 대해서 우리가 선택적으로 대하게 되는 조건부적인 질문에 지나지 않게 된다(도덕적 결정론에 의한). 필연적인 사건을 비인간적이고 지각없는 결과라고 깔아뭉개는 (과학기술적인 의미에서) 물질적 혹은 사회학적 결정론의 이념은 논리적으로 무의미하다.

내가 말하고자 하는 것은 우리가 어떤 사건이 일어난 상황에 대한 조직적인 설명을 알아낼 수 없다는 것이 아니다. 중요한 선택이 결정되기 전까지는 그 선택을 결정하는 사람이 알기만 하면 항상 그를 구속하는 어떠한 이야기도 존재하지 않는다는 것이며, 또 그 선택이 있고 난 후라도 그가 알기만 한다면 그 결정이 있기 전에 그가 믿었던 예정이 절대적으로 옳았고, 믿지 않았다면 절대적으로 잘못이었을 것이라는 어떠한 표현도 있을 수 없다.

따라서 사회학자가, 그가 만든 이야기의 대리인인 그 자신, 혹은 그의 독자가 「선택한 행동」에 관한 그 사회학자의 모든 가능한 예언을 그 자신과 개인으로서의 모든 사람들이 알게 된다면, 예언이 그들에게 고정되어 있고 또 구속받는다고 생각하는 것은 잘못이다. 아무리 보편적으로 타당하더라도 그러한 규칙적인 예언은 원칙적으로 그러한 예언을 한 개인들로 하여금 그 예언이 그들에게 적용되지 않는다고 결정하고 확신하는 것을 저지할 아무런 능력이 없다.

5. 인간 본성의 통일

나는 여기서 몇 가지를 더하여 이제까지 논의해 온 것에다 연결시켜 보고자 한다.

내가 8장과 7장에서 제시한 것은 인간에 관한 과학적 관념과 기독교적 관념 사이의 한계에 대해 명확히 고찰하기 위해서는 우리에게 특별히 엄격한 마음의 규율이 필요하다는 것이었다.

우리는 어떤 특별한 형태의 행위에 있어서의 동작을 완전히 설명하는 것과 인간의 관점에서 그 설명의 중요성이 부정되는 것과의 차이점을 계속 고찰해왔다. 물론, 이 설명이 기독교인들로 하여금 왜 인간에 관한 성서적 해석을 믿어야 하는가에 대한 질문을 받는 것을 저지해 줄 수는 없다. 비기독교인들은 그가 성서적 해석을 진실이라고 생각하고 모든 결과에 따르기로 한다는 조건 아래서, 성서적 해석이 자기의 경험 속에서 어떻게 증명이 되는가를 보여주기를 기대할 권리가 있다.* 그러나 내가 특별히 강조하고 싶은 것은, 성경이 우리 인간에게 관계하는 영적인 중요성을 안전하게 보존하려는 노력의 일환으로, 인간에 대한 기계적 사고와 해석이 주는 의미의 가능성을 배제할 수 있는 성서적 근거는 결코 있을 수 없다는 것이다.

인간의 본성은 상호보완적인 면, 즉 다양성을 지니고 있다. 그래서 어느 한 수준에서만 단순한 설명을 하게 되면 전체적인 면에서는 정당성을 가질 수가 없다. 이러한 의미에서 인간은 실제로 신비로운 존재이다. 우리가 인간의 두뇌와 신체를 완전

---

* 10장을 보라

히 기계적인 관점에서 설명할 수 있다고 하고, 이 세상 모든 일을 다 성취하였다 하더라도 우리가 결과적으로 숙고할 수 있는 것은 우리는 의식의 대행자로서 존재한다는 사실이다. 기계적인 설명들은 그 신비를 결코 해결해 주지는 못할 것이다.

어떤 면에서 우리는 인간을 기계적인 설명으로 인도하게 되었는가? 내가 제시하려고 하는 대답은 7장에서 「금연」이라고 적힌 경고가 잉크에 관한 표현으로는 인도되지 않았고, 또 수학적인 문제가 컴퓨터기사의 컴퓨터기계에 대한 표현으로는 인도되지 않았다는 것이다. 마찬가지로, 우리는 기계적인 표현으로 인도되지 않는다. 이러한 것들(「금연」이라는 경고, 수학적인 문제)은 기계적인 분석에 의해서는 빠뜨려지는 것이다. 그러나 그것들은 기계적인 설명들과 똑같이 사실일 뿐만 아니라 가장 중요한 것들이다. 확실한 것은, 우리는 누구나 마음에 걸리는 문제를 가지고 있다는 것이다.

예언은 아주 기본적인 기왕의 지식 사항이자 우리에게 의문을 갖게 하는 기초가 된다. 예언이 쓸데없다거나 과학적으로 불완전하기 때문이 아니라, 그 범주가 기계적인 면과는 다르고 또 그 예언은 상호보완적인 목적으로 선택되었기 때문에, 인간의 두뇌와 신체에 관한 기계적 분석이 놓칠 수 있는 인간에 대한 아주 정밀한 사실의 일종인 것이다.

요약해서 말하자면, 만약 우리가 성경에서 인간의 본성에 관해서 언급해야만 한다는 것을 이해하려면, 우리는 인간을 육체와 정신과 영혼의 통일체로서 인정하는 성서적 개념의 통일성을 승인하기 위해서 노력해야 한다. 그러나 성서적 교리가 비록 완전함에도 불구하고, 그것이 인간의 행동에 대한 기계적 설명에 어떤 장애요소를 던져준다고 하는 생각은 결코 아무런 근거가 없다.

　인간에 관한 과학적 발견들은 기독교적 교리를 시험할 수 있는 결정적인 자료를 제공해 줄 수 없다. 때문에, 기독교인들이 비기독교인들에게 이야기할 때, 기독교 신앙의 진실에 대한 증거는 다른 곳에서 발견해야 한다고 지적하는 것은 현실적이고 또 정당한 주장이다. 그리고 여기서는 그 반대로도 논리가 성립된다.

　성경이 나타내는 것은, 뇌에 관한 연구에 있어서 어떠한 만족할 만한 결과든지, 그것은 역사적으로나 경험적으로 인간 존재의 진실된 요소이고 신념이라는 것이다. 이러한 신념과 목적에 대한 성경 자체의 근거를 연구하지 않는 것에 대한 어떠한 변명도 하나님은 용서하지 않는다.

◎ 참고

「논리적인 애매성」으로부터의 논증이 자세히 논의되어 있고, 그것에 대한 반론의 일부를 구명해 본 졸작들을 참고해 주기 바란다.

MacKay, D. M., 'The Sovereignty God in the Natural World', Scottish Journal of Theology, 21(1968), pp. 13-36.

MacKay, D. M., Freedom of Action in a Mechanistic Universe(Eddington Lecture), (Cambridge University Press, 1967). Reprinted in Good Readings in Psychology, edited by M. S. Gazzaniga and E. P. Lovejoy(Prentice Hall, 1971), pp. 121-138.

MacKay, D. M., 'Choice in a Mechanistic Universe', British Journal of the Philosophy of Science, 22(1971), pp. 275-285.

MacKay, D. M., 'The Logical Indeterminateness of Human Choices', British Journal of the Philosophy of Science, 24(1973), pp. 405-408.

9장
자유를 위한 교육

이 책은 성서적 기독교 신앙과 기계적 과학 사이의 본질적이고 필수적인 조화를 내용으로 엮은 것이다. 우리가 살펴보았듯이 과학적인 접근은 성서적 유신론과 쉽게 양립할 수 있다기보다는, 오히려 기독교 유신론에 의해서 긍정적으로 고무되어 왔다.

기독교인의 입장에서는 우리 물질세계의 사건들은 충성스럽고 변덕스럽지 않은 창조자의 계속적인(변함없는) 선물들이다. 그러한 사건들 속에서, 우리가 우리의 계획과 기대를 향한 지침으로서 모든 일반적인 상황에 의지하도록 배운 성서적 교리에 의해 지지된 기계적 사고의 형태를 인정하게 된다.

따라서 근대과학의 기계적인 사고의 원형(思考鑄型)은 성경이 신앙을 가진 사람에게 일반적으로 더욱 상세히 가르쳐 주는 하나님의 충족성에 대한 똑같은 믿음을 특별한 형태로써 분명하게 설명한다.

이러한 의미에서 과학과 신앙은 같은 성질을 가지고 있어(하나가 된다) 이 둘을 분리한다는 것은 상당히 어색하다. 왜냐하면 어느 한쪽을 진리에 겸손하게 의존하고 진리에 기꺼이 복종하려는 하나같은 정신이라고 이해하면, 다른 상대 쪽은 바깥에서 작용하는 존재로서 이해할 수 있기 때문이다. 따라서 과학의 자유와 자율성에는 성서적 개념으로서 중요성을 갖고 있으며, 그것은 존재론적인 것이 아니고 단지 방법론적인 것이다.*

바꾸어 말하면, 과학이란 진리의 원천으로서 하나님에 대응하는 것이 아니고, 기독교인들과 같이 그들이 믿는 진리의 원천을 가지고 그것을 믿는 자료 가운데서 온전한 연구 형태를

---

* '존재론적 자율성'이란 과학이 하나님과 같이 독립적인 진리의 원천으로서의 위치를 자발적으로 구축하는 것을 의미한다.

수립하고 발견하는 특별한 방법에 지나지 않는다.

과학의 법칙은 우리가 그것을 익히기 위해서는 명백한 신학적 신념을 필요로 하지 않는다는 의미에서 자율적이다. 과학의 법칙은 자료 자체의 압력을 받아서 발전되고 사고의 틀이 형성되어 왔는데, 자료에 함축된 의미는 기독교인이나 비기독교인이나 모두가 자기들의 과학적인 탐구가 성공하려면 그 법칙에 복종해야만 하는 것으로 안다.

기독교인들은 자료에 함축된 그 진리와 의미가 하나님이 정한 것이라고 믿지만, 성서적 계시는 그것이 무엇을 나타내는가를 자세히 유추할 수 있는 근거를 제공해 주지 않는다. 성경이 제공해 주는 것은 자연계의 물질 속에서 적당한 방법으로 그 진리를 추구하는 합리적인 동기뿐이다.

이 모든 것으로 볼 때, 기계적 사고방식이란 유령은 기계적으로 연구해서 될 수 없는 현상을 찾으려고 애쓰지 않아도 발견할 수밖에 없음이 밝혀지게 된다. 기독교에서는 그런 현상들이 얼마든지 있을 수 있다. 기계적 과학에서는 그런 현상이 없다는 것을 분명히 증명할 방법이 없다.

기계적 사고방식의 근저에 깔려있는 중요한 오해는 만약 그 반대 입장에 있는 사람들이 그러한 현상들에 대해 집중적으로 공격하면 더 강한 반발심을 나타낼 거라는 사실이다. 왜냐하면 기계적 사고의 가장 큰 한계점은 진리의 영역적인 한계가 아니고 개념적인 한계이기 때문이다. 더군다나 우리가 살펴보았듯이 그 기계적 사고의 한계는 고의적으로, 그리고 필요에 의한 제한된 목적으로서 스스로 부과한 것이다. 기계적 관점에서 인간을 해석한다는 것은 그 상황에 대해서 다른 면을 보지 못하거나, 무관한 관점으로 옮겨가기 때문이다.

그러나 기계적인 관점에서 해석하는 것이 다른 면을 얕보는
것은 결코 아니다. 모든 자연계의 사건들이 기계적인 해석을
가진다는 것이 사실인가 거짓인가에 대한 생각은, 성서적 유신
론이 내포하고 있는 의미에서는, 그 사건들이 하나님에게 계속
의존한다는 데에 대한 찬성, 혹은 반대의 입장을 의미하는 것
은 결코 아니다. 매일같이 현실 세계와 씨름하는 기독교인에게
아주 중요한 의미를 갖는 가장 기본적이라는 면에서, 완전히
그리고 정당하게 기계적인 해석방법에서 피할 수 있다.

게다가 우리는 뇌의 작용이 완전히 기계적이든 아니든 간에,
뇌가 기계적일 가능성이 있다는 자체가 인간으로서 우리에게
책임이 있다는 엄숙한 사실에 위협(현실로부터의 도피)이 되지는
않는다는 것을 살펴보았다.

만약 우리가 인간의 정신적인 본성과 존엄성을 보호하는 데
에 관여한다면, 기계적으로는 설명되지 않는 뇌의 작용과정을
찾아볼 필요는 없는 것이다. 그러한 뇌의 작용과정이 많이 있
지만, 만약 우리가 인간의 존엄성이란 것이 물질적인 수준에서
바라볼 때 그 작용과정이 설명될 수 없다고 의존하는 그 무엇
이 있다고 생각한다면 우리에게 잘못이 있을 것이리라. 그러나
기계적인 사고방식에 있어서의 잘못을 이해하기 위해서, 신학
과 과학의 성장에 양분을 공급해 준 모든 종교적 가치에 대한
건전하고 용의주도한 존경심을 함양시키기 위해서는 사람들로
하여금 어떻게 해야만 교육을 가장 잘 받을 수 있는가? 하는
교육이 시급하다.

오늘날, 인본주의를 자처하는 많은 저자들에게는 불행히도

「자유를 위한 교육」은 독소적인 과학자들이 행하고 있는 잘못에 등을 돌리고 있으며, 또 적어도 우리의 일생 동안에는 그들이 행하고 있는 것이 우리에게 성가실 존재가 될 만큼 충분히 거리낌을 발견하지 못하리라는 것이 과학이 희망하는 반사적인 이중신앙에 관한 문제 같이 느껴진다. 만약 우리가 과학자들의 이러한 반응을 비극적으로 잘못 인도하고 부적당하다고 멀리한다면, 기독교인의 입장에서 볼 때의 긍정적인 대안은 무엇을 의미하는가?

우리는 사람들이 그들의 시계로부터 과학의 독소를 제거하는 것을 어떻게 도울 수 있는가? 과학을 가르치고 또 과학을 사용하고 과학을 전달하는 사람들이 침묵함으로 인해 우리는 이미 과학과의 싸움에서 반의 승리를 거둔 셈이라고 믿는다. 우리가 최선을 다해서 주장해야 할 것은 바로 우리가 철학적, 그리고 신학적인 실수를 저지르지 말아야 한다는 것이다. 우리가 반과학적 두려움이나 혹은 과학적 오만을 나타내지 않는다는 것이며, 우리가 과학하는 사람들의 빈약한 논증에만 의존하지 않기를 실천하는 것이다.

그러나 우리는 이미 뿌리를 내린 과학의 문명병에 직면해 있다. 긍정적인 치료책이 필요하다. 논리적 입장에서 이 치료책 가운데의 첫째는 「말단 지엽주의」의 그릇됨을 폭로하는 일이다. 우리는 이미 4장에서 그 점을 살펴보았다. 문제의 상황은 두 가지 이상의 설명이 요청되는데, 그 각각의 설명은 자신의 논리적 수준에서 완전하다고 생각하는 것이 추상적인 것 같고 난해하게 보인다. 이미 살펴보았듯이 여러 가지 친숙한 예에서 과학은 증명될 수 있으며, 만약 사람들이 과학의 함축성에 대

해 합리적으로 생각한다면 논리적 사실을 반드시 증거해야만
한다.

논리적 사실에 대한 다른 수준에서의 묘사는 그 사실에 필요
한 모든 자료를 진실하게 표명하기 위해서는 논리적으로 필수
적인 것이 된다. 이와 같은 여러 방면에서의 설명이 적절히 융
화되면 종교와 과학은 경쟁자의 관계가 아니고 각자를 사실로
써 고려할 만한 것이 된다. 하지만 어떤 면에서 언급할 수 없
는 면까지 드러낸다는 의미에서는 종교와 과학은 상호보완적인
관계가 된다.

1. 상호보완성

「상호보완성」에 대해서 이야기하기에 앞서, 우리는 약간의
오해가 있지 않을까에 대해서 주의해야 하겠다.

물질과 빛에 있어서의 파동과 입자에서 이야기되는 「상호보
완성」에 낯익은 독자들은 그것을 논리적인 개념이라기보다는
물리적인 개념으로 생각하기 쉽고, 상호보완성에 관한 논증을
물리학으로부터의 유추에 의해서 의심하기 쉽다. 더구나 건축
가의 계획과 설계도는 상호보완성의 단순한 기하학적 예를 실
증함으로써 모두가 상호보완적이고 논리적으로 동등하다는 인
상을 줄지 모른다.

그러나 모든 경우에 있어서 우리는 다른 수준에서의 사고를
일종의 계급 관계로 생각해 왔다. 즉, 한 수준은 그것이 다른
수준을 전제조건으로 하며, 상호보완성의 중요성을 새로운 범

주에서 나타낸다는 의미에서 종교적 수준이 다른 과학적 수준 보다 「고차원적이다」라는 것이다. 따라서 우리가 3장에서 인용한 광고판의 예로 말할 것 같으면, 그 간판의 글씨는 광고로써 묘사한 것이고 번쩍이는 전구들의 집합체가 묘사하는 것도 중요성을 나타내고 있다. 그것은 광고를 전제조건으로 하고 있다. 즉, 만약 간판에 광고가 들어 있다면 거기에는 반드시 전기적으로 설명할 수 있는 전구의 번쩍이는 글자가 형태가 있을 것이다. 그러나 아무리 이해가 가능한 전구의 형태라 하더라도 그것이 반드시 하나의 광고만을 나타낸다고는 볼 수 없다.

그래서 우리가 상호보완적인 관계로서의 과학적 사고의 범주와 종교적 사고의 범주, 혹은 과학적 표현과 종교적 표현에 대해 언급할 때 그 두 가지 입장은, 하나의 산을 북쪽에서 바라보는 것과 동쪽에서 바라보는 것과 같이, 혹은 하나의 빌딩을 정면에서 보는 것과 측면에서 보는 것 같이, 그것이 반드시 개념적으로 동등하다는 암시는 결코 주지 않는다. 이러한 예들은 (산을 보고 빌딩을 보는) 똑같은 상황을 다르게 묘사한다고 해서 반드시 갈등이 생긴다고는 할 수 없음을 지적하는 데는 도움을 주겠지만 자세한 과학적 유추로서의 자격은 없다.

강조되어야 할 것은, 사실에 대한 종교적 해석이 과학적인 해석보다 논리적으로 「고차원적」이라는 것이다. 왜냐하면 종교적 해석은 과학적 묘사가 창조된 사건에 주어지는 것을 전제로 하고 또 그러한 사건들의 중요성을 드러내도록 요구함으로써 과학적 표현을 능가하기 때문이다.

이러한 의미에서 사실에 대한 성서의 유신론적 해석은 과학적 설명을 포용한다.

2. 이중사고

「상호보완성」의 개념은 진리는 오직 한 방법만을 허용하는 데도 두 가지 방법으로써 추구하려는 미숙한 「이중사고」에 대해서는 면허를 허락해 주지 않는다는 점을 명백히 할 필요가 있다. 그러나 현대의 「역설적 신학」에서는 이것에 대한 방비책이 거의 없는 것처럼 보인다.

만약, 우리가 진리의 상징인 하나님을 모신다고 주장한다면, 사람들로 하여금 비평적으로 생각하도록 격려하거나 두 개의 피상적으로 분리된 진술이 상호보완적이라고 하는 어떠한 주장에 대해서도 날카로운 논리로 공격하는 것은 결정적일 것이다.

이미 4장에서 살펴보았듯이 그것은 순전히 상호보완적인 진술과 또 상반되는 진술을 구별하는 논리적인 시험이 된다. 상호보완성이란, 일시적 기분이나 논쟁적인 전략의 문제로서 받아들여지거나 혹은 거부당하는 변덕스러운 개념이 아니다. 두개의 진술이 논리적으로 상호보완적인지 아닌지에 대한 질문은 사실에 대한 질문인데, 그 사실 위에서 우리의 생각이 옳고 그릇됨이 결정된다.

그러나 이와 똑같은 이유에서 역설적인 신학의 남용으로 말미암아 발생하는 선명치 못한 태도를 싫어하기 때문에 사람들은, 본질적으로 서로 다른 묘사를 함으로써 흑백논리에 의한 대립을 조성하는 것이 항상 정당하다는 생각 아래서, 항상 인위적인 알력을 조성하고 순전히 상호보완적인 범주를 지나치게 단순화시킴으로써 생기는 문제를 경계해야 한다.

예컨대 컴퓨터의 작동에 관한 설명으로, 전기적인 설명과 수학적인 설명 사이의 그럴싸한 대립을 조장하는 것은 결코 바람직하지 못하다는 것을 우리는 인정하게 된다. 단순한 「~이거나 혹은~」에 대한 무절제한 추구는 「두 가지 방법으로써 추구하려는」 은밀한 욕망과 마찬가지로 강력하게 제지당할 필요가 있다. 왜냐하면 그렇게 함으로써 사실을 심각하게 왜곡시키는 결과를 낳을 수 있기 때문이다.

「하나님이거나 혹은 우연」이거나 「성령의 작용이거나 혹은 심리학적 기구의 작용」이거나 이 모든 것은 사실의 왜곡에 대해서 「결코 비타협적임」을 과감히 주장할 수 있지만, 십중팔구는 그것이 반대 입장의 말단 지엽주의에 진실성을 빼앗긴 채 감상적으로 인도하게 됨을 나타낸다.*

우리가 주장하는 유신론적 진리가 과학적인 진실을 논리적으로 배제한다는 것을 증명할 수 있는 곳에서만, 우리는 그 양자 사이를 적대적인 존재로 이해할 권한과 의무가 있다. 그리고 그 반대의 입장도 성립된다.

3. 인격 대 기계

여기까지 상세히 설명해 온 내용들 중에서 흔히 잘못 이해하는 것의 하나, 둘 혹은 더 많은 원리가 상호보완적인 관계에 있을 때 그것들은 똑같이 유효하다는 것이다. 그래서 사람들은 기호에 따라서 이것저것 선택할 수 있다고 하는 점이다.

그런데 왜 인간의 행동에 관한 인간적인 범주를 설명하기를

---

* 5장을 보라.

꺼리는가? 인간적인 범주를 배제하려는 개념의 이면에는, 어떤 상황을 이해하는 데에 있어서의 이상적인 방법이라고 하는 즉 원자론으로부터 시작해서 체계를 세우는 것이라고 하는, 2류짜리 대중 과학 서적에서 뽑아낸 가정이 숨어있다. 만약 우리가 원자론으로부터 시작한다면, 도대체 의식이란 것은 어디서부터 유래되었단 말인가?

4장과 8장에서 살펴보았듯 의식이란 원자로부터 유래되지는 않았다. 왜 그런가? 테야르 드 샤르댕(Teilhard de Chardin)과 같은 학자들에 의해서 일반적으로 인정된 개념 즉, 만약 인간이 의식이 있는 존재라면 원자 속에 의식의 발자취가 있을 것이 틀림없다고 하는 개념은 전혀 이성적인 근거가 없다. 그것이 논리적으로 의미가 없다는 것은 내가 분필을 가지고 영어 문장을 쓴다면, 그 분필의 입자에는 영어에 관계되는 무엇이 존재해야만 한다고 주장하는 것이 의미가 없는 것이나 마찬가지이다.

의식이라고 하는 것은, 자기력이나 항성 간의 가스와 같이, 물리적인 입자들의 행동에 관한 논증에 의한 결과물로서 인정해야만 하는 종류의 것은 아니다. 그러므로 우리가 애초부터 의식적인 존재로서 출발했다는 것 역시 사실이다.

만약 우리가 의식적인 존재가 아니라면 우리는 어떠한 의문도 가질 수 없다. 우리가 사고하고 의심하는 것은 우리의 의식 경험의 자료에 대해 정당성을 부여하는 것이다. 왜냐하면 이것들이 바로 부인할 수 없는 사고의 자료들이기 때문이다.

4. 견고한 토대 위에서의 출발점

사고의 가장 견실한 출발점이 원자세계라고 하는 널리 알려진 개념이라면, 철학적으로 궁지에 빠지게 되면 반대를 받아야만 한다. 왜냐하면 그것은 실질적인 상황을 전도시키기 때문이다. 사실적(実質的)인 측면에서 바라보면 원자론의 어느 부분에서 의식이 유래되었는가를 찾는 것은 문제가 아니다. 우리가 어떤 원자(혹은 다른 기계)설을 우리가 증명할 수 있으며, 그것을 실질적으로 증명해야 하는가 또는 우리의 의식 경험에 상호관련이 있는가를 발견하는 것이 문제이다.

이것은 정신생리학의 공통된 기술적인 질문으로서, 결코 어떤 목적을 띤 함축성을 포함하지 않은 이론이다. 만약 사람들이 이 점에서 흔히 일어날 수 있는 의식의 우선순위의 전도를 인정하고, 교정하는 데 도움을 준다면 그들은 기계적 사고방식의 피상적인 인식에 그럴듯한 대항해 나갈 수 있을 것이다.

5. 자유 대 예정 불가능성

자유에는 책임이 필수적이라는 의미에서, 자유를 단순한 예정 불가능성과 구별하도록 돕는다는 것은 중요한 일이다. 그런데 자유란 종종 동전을 던졌을 때, 그 동전이 나타내는 예측할 수 없는 행동과 같은 그 무엇으로 생각된다.

「그가 그런 행동을 하리라고 누가 생각했겠는가?」와 같은 말로 표현된 바와 같이, 인간에게는 어떤 종류의 자발성과 변덕성이 있다. 그러나 다른 사람에 의해서 예언될 수 없는 이 변덕스런 「자유」는 도덕적 행동에 필수적인 자유와는 아주 다른 개념이라고 나는 생각한다.

나는 8장에서 살펴본 이유에 의해서 다른 사람에 의해 예언될 수 없음을 하나의 필수적인 조건으로 주장하고, 한 사람의 행동이 분리된 관찰자에 의해서 예언되었고 또 예언될 수 있다는 이유만으로써, 그 사람에게 자기의 행동에 대해 책임을 전가한다는 것은 도덕적 자유의 개념을 완전히 배신하는 결과가 되리라고 나는 생각한다.

이미 살펴보았듯이, 비참여자에 의해서 예언될 수 있는 것은 당사자에게 필연적인 것과는 동일한 것이 아니다. 이 점이 다른 모든 점보다 더 어려운 문제점이 될 것이다. 왜냐하면 예언은 분리된 관찰자에 의해서 옳다고 믿어진 올바른 정의에 의해서 그 예언의 관찰 대상이 된 사람들이 알기만 하면 그 예언은 믿어도 옳은 것이라는 우리의 본능적인 전제조건과는 맞서기 때문이다.

우리 자신의 믿음에 관련해서 볼 때 이런 전제조건은 분명히 잘못된 것이다. 인간의 자유와 책임에 대한 생각에 있어서 그 전제 조건이 끼친 악영향을 제거하기 위해서는 많은 노력이 필요하다.

6. 통일된 전망

그러나 이 모든 특별한 문제들—약간은 비교가 간단하지만 더러는 인정한 바와 같이 복잡한—뒤에는 우리 시대에 있어서 인간에 관한 전체성을 회복할 교육적 필요성이 있다.

인간에 대한 기계적 개념이 어떤 통일성을 약속해 주기는 하지만, 우리가 가장 절실히 느끼는 것은 인간의 호기심과 가치를 불합리하고 단편적이며 기이한 것으로 보고 생략해 버리게 된다. 그러면 우리가 절실히 느끼는 그 모든 사고의 요점은 무엇인가?

기계적 사고방식을 완전히 약화시키고, 자유를 위한 완전한 교육을 시키는 유일한 길은, 현대의 과학이 펼치고 있는 경이로우리만큼 정교한 기계적인 사고를 포함해서 우리의 전 생애의 모든 것을 다스리시는 주권자로서의 하나님을 인식하는 가운데 모든 것이 존재한다는 주장이 나의 신념임을 밝혀왔다.

「하나님은 과학이 등장해서 기계적인 설명을 발견하기 전까지만은 그럭저럭 잘 들어맞는 존재였다」라는 관념을 싹트게 하는 것은, 진실을 감상적으로 배신하는 것이다. 약간의 무신론자들처럼 그 관념을 고의적으로 전파시키는 것은, 성서의 유신론적 입장에서 볼 때, 우리가 과학에 있어 기계적 사고가 상당히 성공하고 또 가치를 갖게 되는 것이 우주 속에 친히 영속한다는 하나님 자신의 창조적 충실성과 그의 규칙성의 덕분이라는 것을 알 수 있다. 과학이 순전히 허위인 것 같이 느껴지기도 한다.

우리가 기계적인 관점에서 이야기하고자 하는 것이 바로 하나님의 말씀이다. 이 신념은 근대과학의 부흥에 있어서 중요한 원동력이 된 요소였다. 그리고 기계적인 우주체계를 구상한 가장 유명한 개척자들 중의 다수가—뉴턴(Newton), 보일(Boyle), 맥

스웰(Maxwell), 캠튼(Campton), 에딩턴(Eddington)—하나님의 존재를 믿는 사람들이었다는 것은 결코 무의미한 일이 아니다. 그들의 믿음이 그들에게 자연을 연구하는 가치에 대한 더욱 큰 확신을 가져다주었던 것이다.

우리가 살고 있는 과학적으로 구성된 세계에 대한 통일된 전망을 볼 수 있게 된 것은, 하나님을 우리 극 전체의 (극의 인간적인 수준에서뿐만 아니라 기계적인 수준에서도) 창조자로 보는 성서적 교리 속에서이다. 물론 이 성서적 교리만으로써 되는 것은 아니다. 만약 우리가 사람들로 하여금 통일된 과학의 전망을 갖는데 도움을 주려면, 나는 우리가 성경에서 발견할 수 있는 하나님에 대한 교리의 통일성이 반드시 필요하다고 믿는다.

신학자들이 기독교 교리의 통일성을 생략함으로써, 그 통일된 전망을 현대인의 기호에 맞도록 노력하면 할수록, 그들은 스스로 자신이 만드는 이론이 더욱더 거짓과 모순을 갖게 됨을 알게 된다. 특히 우리의 자유가 성숙되고 완숙해지기 위해서는, 하나님의 통치권(주도권)에 관한 기독교적 교리가 필요하다고 믿는다.

8장에서 살펴본 바와 같이, 조물주의 입장에서 비친 우리 세계의 예정론적 이야기는 그 세계 속의 대리인으로서 인간에 대한 자유를 부인하지 않는 기계론적인 말씀이 우리의 뇌를 부정하지 않는 것과 같다.

인간이 진실로 자유롭고 존엄한 존재라는 견해를 비판 없이 인정받게 하기 위해서, 그 신성한 통치권을 약화시켜야만 한다고 제안하는 것은 논리적으로 잘못이다. 나는 그와는 정반대로 우리의 진정한 존엄성은 하나님의 통치권에 관한 성서적 교리 속에 뿌리박혀 있다고 믿는데, 그 통치권에 관한 교리는 우리가 그의 주권에 대해서 듣지 못했을 때보다 하나님 앞에서 그 책임을 더욱 확실히 느끼게 된다.

자유에 대한 기독교적 해석은, 하나님이 그의 마음속에 우리들 각자에 대한 목적을 가지고 있다는 생각, 즉 우리가 단지 하나님의 실마리를 쥔 생물학적 과정의 자손이 아니라, 우리들 각자가 개인적인 목적을 가지고 또 자신의 영광을 위해서 그극 속에 고려되고 존재하게 된 배역들이라는 생각 속에 그 근거한다. 이 점에서 우리가 이 책의 마지막 장에서 다루게 될 「무엇을 위한 자유인가?」에 대한 해답을 찾을 수 있을 것이다.

10장
무엇을 위한 자유인가?

일찍이 어려서부터 배웠으나 시간이 지난 후에야 절실히 통감한 된 기독교 교리 중의 하나는 자유가 가치 있는 목적을 상실했을 때는 저주가 된다는 것이다. 전체주의의 억압 속에 있는 사람들에게는 이 말이 아마도 공허한 것같이 느껴질지 모르지만, 현대의 자유로운 사회에서는 맹목적 자유가 오히려 저주가 된다.

1. 하나님의 요청

지금까지의 이야기에서 기계적 과학이 어떤 것인지 이해했다면 하나님을 배제하는 데 도움이 되지 않는다는 것 역시 이해했을 것이다. 그것은 명백하게 성서적 유신론이 요구하는 만큼 하나님을 배제하는 데 도움을 주지 않는다. 그것은 성서적 유신론이 요구하는 만큼 하나님을 믿을 여지를 남겨두면서, 실제로 하나님을 믿는 데서 근본적인 후원을 받게 된다. 그러나 물론 이 자체만으로써 하나님을 믿는 긍정적 이유를 제공해 주지는 않는다.

실제로 기독교인들은 일반적으로 과학적인 해석 분야에서는 「하나님」의 개념이 필요가 없다는 것을 고려해야만 한다. 만약 라플라스(Laplace)가 (왜 그가 만든 방정식에 「하나님」을 도입하지 않았느냐는 질문을 받았을 때) 「나는 그런 가정이 필요하지 않았다」라는 말을 실제로 했다면 그것은 옳다고 생각한다. 왜냐하면 그의 방정식 속에 하나님을 도입하는 것은, 우리가 6장에서 논의한 예술가의 야구 경기를 시청할 때 운동선수들의 행동을 설명하기 위해서 예술가를 끌어들일 필요를 찾으려고 애쓰는 만큼이나 어리석은 짓이기 때문이다.

창조된 세계 속에서 그런 설명을 하는 데는 「예술가」를 필요로 하지 않는다. 물론 성경이 우리에게 요구하는 것은 하나님의 개념을 계속 표명하거나, 모든 사건의 설명을 부분적으로 하는데도 하나님을 도입하는 것이 지적으로 필요하다는 것이지만, 우리가 꼭 알아야만 하는 것은 아니다. 성경이 우리에게 주장하는 요점은 우리가 지적으로 설명이 필요하든지 않든지 간에 우리의 세계는 진실로 하나님이 창조한 세계라는 것이다.

성경이 추상적인 질문에 대해서는 만족할 만한 대답을 제공하려 하지 않는다는 것을 미리 인식하지 않으면, 우리는 항상 스스로 성경과 어긋난 생각을 하게 될 것이다. 성경은 본질적으로 실제적인 증언이며, 성경의 목적은 추상적인 물음을 만족시키는 것이 아니라 우리로 하여금 하나님과 관련성이 있는 사실에 접하도록 이끌어준다. 그렇다면 창조된 세계의 관련성이 우리로 하여금 하나님을 고려하도록 요구하는 사실은 무엇인가?

첫째로, 하나님의 창조적 의지에 우리가 의존한다는 사실이다. 우리가 살펴보았듯이, 만약 하나님이 자기가 창조한 세계와 어떤 특정한 종류의 능동적인 관계를 수립하지 않았더라면 우리의 일상생활과는 아무런 연관이 없었을 것이다.* 나는 이 점을 강조하고 싶다. 왜냐하면 사람들은 때때로 단순히 자연계를 존중함으로써 하나님에 대한 믿음을 논리적으로 주장할 수 있을 것이라고 생각하기 때문이다.

---

* 6장을 보라.

기독교의 유신론적인 의미에서는 어느 누구나 우리의 세계가 하나님에 의존한다는 교리를 받아들인다 하더라도, 성경이 우리 세계의 하나님에 대한 의존성에서 그친다면 인간은 「어떤 능동적인 관계를 수립했는가?」라고 물을 수 있다. 그러나 성경은 거기서 그치지 않고 계속 언급한다.

성경의 요지는 우리 모든 존재와 하나님에 대한 모든 요소—우리들 각자의 목적과 이유—즉, 이 모든 것을 하나님이 창조하신 세계 속에 존재하게 하시는 것은 우리가 사랑이라고 부르는 하나님과의 인격적인 관계 속에서 이해될 수 있냐는 것이다. 여기서 하나님의 사랑은 우리가 가끔 그 빈약한 단어로 뜻하는 것보다는 훨씬 심오하고 강력한 의미의 사랑이다. 우리와 창조주와의 사랑이 관계는 우리 인간의 전적인 의미요, 우리 인간이 존재하게 된 궁극적인 목적이다. 그 사실이 옳은지 그른지는 알 수 없다 하더라도 그것이 바로 성경이 우리에게 말씀해 주는 본론인 것이다.

나아가서 성경을 좀 더 깊게 고찰한다면, 우리들의 양심은 그 점에 동의하지 않을 수 없다. 그것은 바로 인간이 자연 상태에서는 완전한 사랑과 완전한 정의를 뜻하는 하나님과의 관계를 누릴 자격이 없다는 뜻이다. 하나님에 대한 이 무자격과 거리낌, 그리고 실제의 절망은 우리 인간의 죄의 본질로서 이미 살펴본 대로 멸망을 초래하는 것이다.* 그 타락의 본성이 개개인의 죄 속에서 스스로 드러난다.

그러나 그들 각 개인의 죄는 「겉으로 나타난 현상」에 불과하다. 더 중요한 것은 그 근저에 깔려있는 고질적인 병이다. 그

---

* 8장을 보라.

병의 근원은 우리가 하나님을 믿는 것을 허용하지 않으려 함인데, 성경은 우리로 하여금 이것을 우리 자신의 힘을 초월하는 용서와 치료를 요하는 결점으로 인정하도록 촉구한다.

2. 구원의 필요

그렇다면 우리는 여기서 「하나님에 대해 참으로 필요한 것이 무엇인가?」라는 질문에 대한 성서적 해답을 찾게 된다. 우리는 이제 하나님의 지식에 대한 지적인 개념을 필요로 하는 것이 아니고, 하나님의 능력에 대한 해답이 필요하며 하나님이 우리에게 할 수 있는 것이 무엇인가를 알고자 하는 것이다.

만약 하나님 자신이 깊고 강렬한 사랑으로 우리를 복종시키며 행복을 갈구하기 때문에 우리를 존재하게 하셨다는 것이 사실이라면, 우리는 처음부터 하나님과의 관계가 거리낌의 존재였고, 그 거리낌을 근본적으로 타개할 자신의 힘을 가지고 있지 않았던 것이다.

하나님은 기꺼이 우리를 변화시키고 우리들에게 자기를 향한 무한한 사랑을 제공하신다. 우리는 그런 하나님을 필요로 한다.

물론 이 하나님과의 관계가 공허 속에 존재하는 것이 아니다. 우리가 하나님과의 관계 속으로 들어가기 위해서 이 세상을 결별해야 할 필요는 없다. 중요한 것은 우리가 나날이 평범한 사건 속에서 하나님과 함께 그리고 하나님의 사역에 봉사하면서 살아가거나 아니면 우리가 하나님께 그리고 등을 돌리고 그를 반역하면서 살아감으로 우리의 인생을 허비하거나 망치면서 살아간다는 것이다.

성경에 의하면 이러한 것들은 우리 각자가 일상생활에서 접하게 되는 선택에 관한 것들이다. 우리가 우리 자신에게 「과연 하나님의 사랑이 사실인가?」라고 묻는 것이 중요한 이유는 바로 하나님의 (사랑) 체험 때문이다. 하나님의 사랑이 사실이라면 우리는 그의 사랑을 어떻게 알 수 있는가?

내가 강조하고 싶은 것은 이 질문에 대해서 성경 속에는 실제적인 관점에서 대답한 언급이 있다는 것이다. 신약성서에서는 특별히, 하나님이 우리에게 직접적으로 필요한 것을 주시고, 하나님과의 관계를 필요한 만큼 유지시키시며 또 우리를 다스릴 방법이 준비되어 있는 것으로 자세히 기술하고 있다. 그리고 신약성서는 우리의 고집스런 생애를 통해 하나님과 불편한 관계가 되었고, 우리가 하나님을 거역했기 때문에 우리와 하나님 사이가 갈라졌다고 주장한다. 그래서 하나님은 자기의 사랑과 정의를 이룩하기 위해 자기를 배신한 민족과 개인을 역사적으로 심판하시겠다는 결의를 반영한 것이라고 지적한다. 그리고 또 신약성서에서는 인간에 대한 하나님의 보상(報償)을 필요로 한다고 지적한다. 즉 우리는 악의 권세로부터 자유로워지기 위해서 「구원」 받을 필요가 있다는 것을 지적한다. 좋은 소식은 예수가 죽음의 형벌을 받아들이는 것이 우리가 하나님을 거역한 것에 대한 결과를 우리 대신 당하셨다는 것이고, 또 그 자신이 고통을 겪는 가운데, 심오하고 신비적인 의미에서 그가 하나님의 입장에서 죄에 대한 보상을 기꺼이 지불함으로써, 그 후로는 우리를 창조한 하나님을 사랑스럽게 복종하는 새로운 관계를 그가 죄인들을 대신해서 이룩했다는 것이다.

이 모든 것이 우리 많은 사람에게는 이미 익숙한 교리일지 모르지만, 여기서는 이 구원의 교리의 힘을 놓치지 않도록 주의해야 한다. 왜냐하면 이 구원의 교리야말로 하나님을 과학적인 범주에서 이해하려고 하는 데 있어서 왜 성서적 범주의 이해를 필요로 하느냐는 질문에는 유익하고도 합리적인 대답이 되기 때문이다. 만약 그것이 사실이라면, 인간은 자신의 전 생애를 통해서 이 구원보다 더 중요한 것은 접할 수 없을 것이다. 잔소리가 계속되면 내 말의 효과가 상실될지도 모르지만, 우리 각자는 개인적으로 자기에게 전해진 복음의 좋은 소식을 진지하게 받아들일 최우선의 시간이 있다고 생각한다.

비록 복음을 진지하게 듣기 이전에, 수없이 많이 들어왔다 하더라도 이제 복음이 왜 「좋은 소식」이라고 불리는지를 이해하게 될 것이다. 왜냐하면 복음은 하나님이 열망하고 있는 새로운 중생의 교리를 수긍하면서, 개인적으로 구원이 의미하는 바가 무엇인지를 깨닫게 해주기 때문이다. 우리는 「좋은 소식」 자체이기도 한 신약성서를 통해 우리의 풍성한 삶과 참으로 가치 있는 삶을 누릴 수 있고, 「영생」이라고 하는 의미심장한 자유 속으로 들어가게 된다.

3. 경험에 의한 시험

그러면 오늘날 어느 정직한 사람이, 만약 그가 이 사실(「좋은 소식」)을 알고도 하나님에 대하여 등을 돌린다면, 그는 결과적으로 불의를 저지르게 되고 자기의 잘못을 깨달을 만큼 그 복음의 사실은 진실이라는 것을 얼마만큼이나 확신할 수 있을까?
예수는 그러한 질문을 여러 번 받게 되었다.

유대인들이 예수의 자격과 권위에 대해서 왈가왈부하고 있을
때, 예수는 「사람이 하나님의 뜻을 행하려 하면 그 교훈이 하
나님께서 왔는지, 내가 스스로 말한 것인지를 알리라」하고 대
답했다.*

여기서 나는 그의 말씀이 과학적인 입장에서 옳고 진실한 모
든 것에 대해 근본적인 호소를 하는 것이 된다고 주장하고 싶
다. 즉 예수가 주장한 교훈이 진실인지를 우리의 경험에 의해
서 확인할 기회를 보려고 한다. 물론 이 시험을 착수하는 방법
을 찾는 데 있어 우리를 그러한 시험 가운데로 인도하려면, 성
경의 말씀을 바르게 깨닫고 실질적으로 성경을 가르치면서 살
아온 다른 기독교인의 경험이 필요할 것이다. 그리고 예수가
주장한 권위를 시험하는 것은 결코 우리들만의 동떨어진 경험
이 아니라, 우리의 생활 외적인 문제까지도 하나님이 나날이
이루어 가고 있는 하나님과 우리와의 상호관계가 지속되는 과
정일 것이다. 그러나 내가 강조하고자 하는 것은 우리가 예수
의 주장이 진실인지를 시험할 어떠한 결론도 없이 다른 사람의
권위에 의해서, 이 사실을 단지 지적인 믿음으로만 받아들이도
록 요구당하지는 않는다는 것이다. 성경이 믿는 자의 「영생」으
로서 가리키는 바는 「하나님에 관해서 아는 것」이 아니고, 「하
나님을 아는 것이다.」**

그의 교리는 실지로 하나님의 권위를 지니고 있다. 그러나

---

* 요한복음 7:17(NEB)
** 요한복음 7:3; 이것을 분석한 것으로는 J. I Packer, Knwing God
(Hodder, 1973)이 있다.

그의 교훈이 하나님의 권위를 지니고 있다는 것을 우리가 알기 위해서는 우리가 우리의 지식을 저당하거나(비현실적인) 그저 그럴 것이라는 희망적인 관측에 빠질 필요는 없다. 예수 자신이 제안하는 것은, 우리가 알고 발견한 교훈을 충실히 그리고 겸손하게 복종하게 될 때, 우리 스스로를 시험하고 증명의 과정에 두려는 개방적인 믿음과 준비성을 내포하므로 과학적 탐구정신은 더욱더 큰 확신의 길로 인도된다.

이러한 접근 방법과 과학적으로 분리된 상태에서의 지식을 추구하는 것과의 사이에는 중요한 차이점이 있다. 예수가 제안하는 것은 시험은 만약 우리가 그런 상황에 깊숙이 관여하려고 준비하고 있지 않으면, 그의 교훈을 시험할 수 없는—우리의 전능력을 발휘하고 또 그 시험과정에서 우리들 의지의 자율성에 도전하는—시험이다.

그러므로 과학적 탐구 정신에 의한 접근 시도는 「좋아, 내가 만약 그와 분리된 상태로 있다면 그 실험을 할 것이다」라는 말을 의미하는 것이 아니다. 그런 말은 단지 「나는 그 실험을 하지 않을 것이다」라고 하는 말에 지나지 않는다. 여기서의 과학적인 「증거에 접근함」이란, 우리가 만약 진실한 증거를 원한다면 우리는 그 증거가 약속될 수 있는 토대가 되는 여건을 만족시킬 준비가 되어 있어야 한다는 것을 필요로 한다.

그러나 증거를 위한 준비는 「논점이 되어 있는 사실을 가정하고 논하는 것」 혹은 「어떤 결과가 나올지 알기 위해서 믿는 것」과 혼동하지 말아야 한다. 예수의 말씀에 의하면, 어떤 사람이 「만약 하나님이, 이것이 바로 자신의 의지라는 것을 당신에게 보여준다는 약속을 지킨다면, 당신은 그 약속을 이행할 것인가?」라는 질문을 현실적으로 접하게 된다면, 그는 이미 하나님의 진리를 스스로 아는 방향으로 첫발을 내디디고 있다.

만약 그가 예수의 가르침이 그에게 무엇을 의미하는가를 자세히 연구하면, 그는 곧 자기의 실제상황에 대해서 예수가 진단을 내린 것이 진실이라는 것을 발견할 것이다. 그리고 만약 그가, 각 단계마다 정직하고 진실 되게 대답하면 예수의 약속은, 그 자신이 그의 주장을 좋아하든 좋아하지 않든 고려해야만 하는 살아있는 실체(예수)와 실제로 씨름하고 있는 것을 발견할 것이라는 것이다.

이러한 상황에 있어서의 과학적 탐구정신은 결코 어색한 입장이 아니고, 신앙에 도움이 될 것을 나는 믿는다. 왜냐하면 과학자가 이상적으로 존경하도록 훈련받은 어떤 교리의 강조점이 있다면, 그것은 사실을 진실하게 시험한 교훈이 되기 때문이다. 「만약 그것이 진실이라면 그것을 직접 대해 보자」. 기독교의 복음을 전도하는 방법보다 더 좋은 정신(과학)은 없을 것이다.

4. 목적을 지닌 자유

예수가 우리와 세상의 존재 목적에 관한 진실을 말씀하셨고 그의 주권들이 우리를 위한 정당한 것들이라는 신념이 싹트고 점점 회복되어감에 따라서, 우리는 자유에 대한 개념 자체가 해명되고 변화되기를 기대할 수 있다.

무엇보다도 우리에게 더 필요한 자유는 우리의 창조자가 우리에게 말씀하신 주장, 즉 정의로운 주장, 창조자로서의 주장을 대하고 또 그 주장에 따라서 살아야 하는 자유이다.

이 모든 것에 있어서 우리는 하나님의 독창력을 필요로 한다. 그 독창력은 마치, 우리가 모든 옳은 생각을 가지고 있고, 우리의 생각을 실천하는 데 우리를 돕기 위해서 하나님을 끌어들일 필요가 있다고 하는 것이 아니다. 하나님이 우리와 협동한다는 뜻이 아니라, 최선의 방법으로써 우리를 잘못된 길로부터 우리를 자유롭게 하는 것이다.

우리가 자신의 독창력을 조금이라도 가지기 원한다면, 그 때문에 우리는 때때로 하나님이 최고라고 알고 있는 그의 돌보심을 꺼렸던 이기심으로부터 우리 자신을 자유케 하기 위해 하나님을 필요로 할 것이다.

「자유」라는 기치(旗幟) 아래서 흔히 위장되는, 인자의 자멸을 초래하는 하나님에 대한 반역은 아마도 우리 인간의 타락성을 가장 신랄하게 표현하는 말이 될 것이다. 방종을 자유로 이해하는 것이 바로 우리의 타락한 인간성에 늘 붙어 다니는 결점이다. 이것으로 미루어 볼 때, 기독교인은 자기를 구원해준 하나님에 대해 무한히 깊은 의무감에 의해서 자극을 받아야 하고 하나님의 진정한 주권에 다 자신의 모든 것을 진보적으로 개방해야 한다. 인간 자신에 대한 힘과 기쁨의 원천이 될 것이다. 하나님이 자신의 의지를 우리에게 드러내신 것을 비추어 볼 때, 우리가 나날이 하나님에 대한 그 의무를 즐거이 이행하는 것이 바로 「자유란 무엇을 위한 것인가?」란 물음에 대한 성경의 실제적인 대답일 것이다.

우리는 하나님뿐만 아니라, 하나님이 우리에게 가르쳐 주셨듯이 우리의 이웃, 동료들에 대해서도 돌이킬 수 없는 자유의 책임을 지고 있다. 우리는 우리의 이웃과 똑같은 자유를 대하게 될 때, 우리의 진정한 행복과 자유의 성취를 맛보게 될 것이다.

11장

회고

  과학의 명성은 이제 위기에 봉착하고 있다. 과학이 많은 업적을 자랑하지만, 실제로 그 업적은 더럽혀져 왔다. 나는 이 책에서 과학이 전체적으로 남용되고 오해되며 도덕과 종교에 많은 해악을 끼친 부분에 대해서 좀 더 올바른 설명을 하기 위한 최대한의 노력을 기울였다.

  초기 단계에 과학이 성서적 신앙에 의해 많은 자양분을 얻었던 것은 결코 역사의 우연이 아니며, 과학의 본질에 대한 영원한 양상을 신앙적으로 반영했다는 것이 우리의 결론이다.

  우리는 이 둘(과학과 성서적 신앙)을 독립적인 진리의 원천이라고 동등하게 보는 개념을 너무 천박한 생각이라고 거부해왔다. 종교와 과학의 관계는 그보다는 더 친숙하다. 우리는 이 두 관계를 살펴볼 때, 자연계의 물질에 대해 적극적이면서도 겸손하게 받아들이는 연구 자세가 필요하고 양심적이고 정확한 반응을 보이는 것으로서 인간의 과학이, 인생의 모든 분야에서 성서적 신앙을 구체적으로 가리켜 주는 창조주에게 복종해야 한다.

  이러한 의미에서 성서적 신앙은 과학의 목적에 정당한 방법론적인 자율성을 진작시켜 주면서 과학적인 접근을 인정할 뿐만 아니라 포용하고자 한다. 이 두 문제를 그런 상태에 머무르게 한다면, 성서적 신앙의 입장에서 보면 과학이 많은 잘못을 저질렀을 것이다. 왜냐하면 만약 기독교적 신앙의 대상인 하나님이 단지 과학과 동떨어진 창조자일 것 같으면, 하나님의 존재는 단지 비실제적인 관심의 대상에 지나지 않을 것이기 때문이다. 기독교를 우리의 실제 생활에 절실하게 연관 짓도록 하는 것은 하나님을 우리 인생의 쓸데없는 반역으로부터 구출해

주는 분으로 제시하고, 우리를 위한 그의 사랑은 죽음보다 강한 것이며, 우리가 그를 사랑한 대가로 그는 우리에게 상응하는 사랑을 주신다는 것을 기대한다는 것은 성서의 유신론적 신앙이 과학과는 다른 면이 있다는 사실을 입증한다.

이와 같은 연관성에 대해 성서적 유신론은 하나님의 사랑이 진실이라면 그것은 어느 정도로 진실일까?, 신앙이 참으로 진실인가? 라고 묻는 과학의 신뢰성(정신)에 입각한 실재에 대한 접근을 더욱 고무시켜 줄 것이다. 정직한 사람은 무엇이 실재인가를 발견하기 위해서 어떻게 해야 하는가? 라는 물음에 적절히 대답하기 위해서는 기독교의 복음이 내포하고 있는 자세한 의미 중에 일부를 자세히 살펴보아야 한다.

그러나 나는 이에 대해 사과할 생각은 없다. 왜냐하면 우리는 과학적인 결정론과 비인간화, 그리고 비도덕성의 위험 없이 과학의 발전이 환영받을 수 있는 통일된 전망을 가질 수 있다고 믿기 때문이다. 그러한 요소들이 양쪽에 함께 달려있고 또 함께 뜻이 통하는 통합된 전체로서의 성서적 신앙을 주장했기 때문이다. 그리고 성서적 신앙은 「무엇을 위한 자유」냐 라는 우리의 물음에 대해서는 일정한 공식을 가지고 답하는 것이 아니라, 계속되는 양쪽(종교와 과학) 입장에서 충분히 생각하고 대답해야 하기 때문이다. 이 두 관계는 그를 숭배하는 것이 그에게 복종하는 것이 되고, 우리가 창조주와 창조된 목적에 의해서 나날이 노력하는 것을 뜻한다.

역사적으로 증거된 성서의 기독교적인 신앙이 왜 그렇게 수많은 지역에서 핍박당하고 축출당했는지를 묻는다면, 우리는 그 증거가 기계적인 과학으로부터 나온, 잘못되고 논리적으로 오류를 범한 일련의 그럴싸한 결론을 재삼, 재사 지나쳐 왔던 과거를 떠올릴 것이다. 성서적 유신론적 신앙에 대한 과학적 해명의 한계를 우리가 오해한 것이 아마 다른 이유에 의해서 구미에 당기지 않는 기독교의 주요한 교리를 배척한 책임이 아마 과학에 있다고 여길 것이다.

우리 세대에 있어서의 가장 큰 비극 중의 하나는 그렇게 많은 기독교인에게 실망을 안겨주었던 19세기의 성서적 기독교가 과학적으로 무참히 짓밟히고 불신당하고 있다는 생각 때문에 기독교의 풍성한 신탁통치(信託統治)를 두려워서 선포하지 못하도록 기독교 스스로가 허용했던 사실이다.

기독교인들이 진정한 자유를 주장하고 과학에 유린당했던 신앙을 회복하기 위해 할 수 있는 일은 우리 세대를 위해서 과학의 이름으로 횡포를 부렸던 그 근본 원인이 하나님에 있는 것이 아니라, 창조주 하나님을 믿는 사람들의 근본 신앙이 잘못되었기 때문에 과학이 새롭고 진정한 신앙을 회복하도록 도움을 주기 위해서 일어난 일이다.

과학자들은 첫째로, 하나님의 참된 진리가 무엇인지를 고려하고, 또 우리를 창조하신 하나님 자신의 목적과 자기를 성실하게 드러내시는 섭리에 대해 받아들일 준비가 되어 있어야 한다. 과학자들은 모든 사람에게 자유롭게 주어진 하나님의 재능을 활용해서, 진정한 하나님의 뜻을 실현할 수 있도록 최선의 노력을 다해야 한다. 그리고 과학자들은 우리로 하여금 가장 진정한 신앙의 원숙 단계로 끌어올리도록 노력해야 한다. 그런 신앙적 원숙이란, 모든 인간의 허물을 용서하도록 요구하는 것과 기독교인들의 이기심과 고집이 망쳐 놓은 신앙적 이미지를 다시 정립하여 새로운 개혁을 시도하는 것 외에 다른 방법이 없다.

참된 신앙인들은 여러 시대에 걸쳐 그들 자신이 하나님을 섬기는 가운데서만 완전한 자유를 발견할 수 있다고 증언했는데 그것이 의미 없는 말은 아닌 것이다.

부록

나는 7장과 8장의 인간의 본성에 관한 논증에서 제기한 나의 주장에 대해서 다음과 같은 오해를 표명한 많은 기고자와 비평가들에게 감사드린다.

나는 논증을 이해하는 데 있어서 스스로 어려움을 느끼는 독자들은 그것의 판단 기준으로서, 다음 사항을 읽어보기를 권한다.

1. 당신은 정신이 단지 두뇌활동의 일면에 지나지 않는다고 말하는가?

—아니다. 정신활동과 두뇌활동은 인간의 활동이라는 더 큰 단위의 각각 상호보완적인 면이라고 생각한다.

2. 그러한 활동을 상호보완적이라고 일컬음으로써, 당신은 정신적인 면과 물질적인 면, 예컨대 빛의 본성에 관해서 논할 때, 파동과 입자의 양면과 마찬가지로 그것이 동일한 수준에 있다는 것을 말하고자 하는가?

—결코 그렇지 않다. 여기서의 설명은 상호보완적인 수준은 정신적 단계로부터 나온 것이다. 의식이 있는 존재라야만 우리는 물질세계에 관한 것을 깨달을 수 있다. 따라서 우리의 의식적인 경험의 실체는 우리가 우리의 두뇌에 관해서나 다른 것에 관해서 믿는 어떤 것보다도 우선권을 가지고 있다는 생각이 든다. 두뇌 이야기에 만족해서 안주하게 되면 인간됨의 본질에

관한 핵심을 빠뜨리게 될 것이다.

3. 그렇다면 당신은 자유의지가 순전히 물질적인 관점에서 설명될 수 있다고 생각하는가?

—아니다. 논증의 편의상 내가 그렇게 설명하도록 허용한 것이다. 그것은 자유로운 선택을 조정해 주는 단지 두뇌의 활동이라고 생각한다.

4. 그러나 당신은 인간을 순전히 물질적인 존재로 생각하는 것을 주장하고 있지 않은가?

—아니다. 위의 〈문제 2〉를 보라. 나는 (논증의 편의상) 인간의 두뇌와 육체는 순전히 물질적인 법칙에 따라서 서로 작용할지도 모른다는 가능성을 허용하고 있다. 그러나 이러한 물질적인 수준에서의 설명은 인간적인 수준의 설명이고, 높은 차원의 범주에서 형성된 전체수준에 관한 문제는 언급되지도 않았으며 따라서 설명되지 않은 채 남아있다.

우리는 과학이 자신의 특유한 표현으로써 모든 현상을 설명할 수 있는 능력을 갖췄다. 따라서 모든 문제에 대해 대답할 수 있는 능력과 혼동하지 말아야 한다. 이 혼동이 형이상학적 환원주의 혹은 말단 지엽주의라는 오류의 근거가 된다.

5. 당신은 결정론을 주장하는 반대 입장을 가진 사람에게 양보하고 있다.

—나는 어떠한 결정론에도 그것에 동의한다는 의미에서는 「양보하지」 않는다. 나는 단지 형이하학적인 결정론이 인정된

다면 어떤 결과가 생길까 하고 의문을 제기할 따름이다. 만약 결정론이 인정된다고 하더라도 형이상학적 결정론(인간의 자유와 책임의 실체를 부인하는 것)은 그 사실로부터 논리적으로 따르지 않는다고 나는 주장한다.

그러므로 나는 기독교인들이 강조하는 인간의 존엄과 책임에 대한 자유를 주장하는 데 관심이 있는 다른 사람들이 하이젠베르크의 원리에서 도입되는 본질적인 결정론에 대하여 「약간의」 변화를 시도하는 물리적 결정론에는 정력을 소비하지 말기를 부탁한다.

6. 당신의 논증은 사람들의 자유가 어떤 사람이 그들에게 무엇을 할 것인가 라는 질문에 달려 있게 만들었다.

―이것은 도덕적 자유, 즉 다른 사람에 의해서 예언될 수 없는 자유와 혼동해서 나온 말이다(〈문제 12〉를 보라). 어떤 사람이 도덕적으로 자유로워지기 위해서는(그가 예언을 알기만 하면), 그가 그것을 좋아하든 좋아하지 않든 필연적이라고 받아들이는 것이 자기의 올바른 행동에 대해서 완전한 예언이 존재하지 않는다는 의미로 말한 것이다.

긍정적으로 표현하면, 만약 누군가 그 예언을 몰랐었더라면 그 예언이 성취되었을 경우라도 그가 원한다면 그는 자기의 행동에 관한 주어진 예언을 무효화할 수 있는 힘을 가지고 있다는 의미이다.

이러한 의미에서 약간의 자유는 실제로 인간에게 어떤 예언을 제공하지 않고서도 원칙적으로 성립될 수 있다. 그리고 인간의 행동이 관찰자에 의해서 예언될 수 없다고 말할 필요는 없다.

7. 이러한 기준에 의해서, 어떤 사건이 일어나기 전에는 「자유롭다」고 느낄 수 있을지 모르지만 나중에는 그가 실제로 자유롭지 않았다는 것이 증명될 수 있다.

─그는 원칙적으로 나중에 자신의 선택이 관찰자에 의해서 예언될 수 있었다는 것을 확실히 알 수 있을 것이다. 이 사실이 그가 자신이 자유롭다고 믿을 당시에 그는 자기가 잘못이었다는 것을 보여주지는 않는다. 오히려 정반대로 그가 마음의 결정을 내리기 전까지는 결과가 그에게 달려있기 때문에 논리적으로 막연하다는 것을 보여준다.

예컨대 여러분은 나 같은 스코틀랜드 사람은 아침 식사 때 곡물보다는 늘 오트밀죽을 선택할 것이라고 예언할 수 있다. 그러나 나는 그렇게도 할 수는 있지만 여전히 곡물을 선택할 자유가 있기 때문에, 내가 오트밀죽을 선택할 것이라고 자신 있게 말한 사람들에게 거역할 수도 있다. 그러므로 내가 규칙적으로 오트밀죽을 선택하는 것이 예언될 수 있다는 이유 때문에 내가 덜 자유로워지는 것은 아니다.

8. 당신의 논증은 「진리」의 독단적인 정의에 매달려 있다.

─논증은 「진리」라는 말을 사용하지 않고도 구성될 수 있다. 그리고 나의 논증은 미래의 특별한 시점에 있어서의 인간에 대한 묘사가 특별한 개인들에게 있어서는 자체적으로 모순이 되는 상황에도 관여하고 있다. 사실상 나는 어떤 사람이라도 믿으면 옳고, 믿지 않으면 잘못이 될 주장에 대해서 「진리」란 단

어를 보류하기를 좋아한다.

그러나 나는 진리가 아주 특이한 것이라고는 생각하지 않으며, 어떠한 경우라도 그것은 나의 논증에 필요한 가정이라고 생각한다. 내가 가정하는 것은, 어느 사람의 뇌에 대한 특별한 증거가 그 사람이 자유롭다는 믿음을 반증한다고 어떤 사람이 주장한다면, 만약 그 사람이 문제시하고 있는 증거를 믿을 때 그가 옳게 믿을 수 있을 것인데 라는 것을 보여주어야만 한다는 것이다. 이 말이 그 사람이 증거를 보아야만 믿는다는 것을 내포하지는 않는다.

그러나 만약 A라는 사람이 증거 X가 B라는 사람의 믿음 Y를 반박한다고 주장하면, 이것은 만약 B가 X를 알기만 하면 그는 Y를 이성적으로 포기해야 할 의무가 있음을 내포한다.

9. 주어진 자유에 대한 개념이 순전히 주관적이다.

—결코 그렇지 않다. 증거를 충분히 가지고 당사자의 동의를 무조건 요구할 수 있는 예언(그 당사자에게는 알려지지 않은)이 존재하느냐 않느냐에 대한 물음은, 원칙적으로 그 당사자 뒤에서 공식적으로 설정될 수 있는 객관적인 물음이다.

10. 당사자의 뇌를 관찰자가 묘사한 것을 당사자가 믿는다는 것은 그 관찰자의 묘사가 낡았다고 하는 것과 똑같이, 당사자 자신의 주관적인 생각을 믿게 되면 당사자는 자신의 생각을 낡게 만든다는 것인가?

—이것은 당사자의 경험을 자신이 몸소 설명하는 것(a), 당사자의 뇌에 관한 관찰자의 이야기(b)와 당사자와의 관계 사이의

중요한 차이점을 놓친 것이다. 뇌의 이야기는 지지하는 증거를 제시함으로써 A의 동의를 요구해야만 한다.

반면에 당사자의 개인적인 이야기는 당사자가 지지하는 증거로써 받은 이야기가 아니고, 자신의 경험에 의한 자료를 충실히 증명하려는 노력의 일환으로써 창조의 이야기이다. 관찰자가 그것을 말하는 이유는 그가 경험을 들었었고 그 경험에 첨가된 증거에 의해서 확신하게 된 때문이 아니라(자신의 입장에서), 경험을 부정하면 거짓말을 하는 것이기 때문이다.

따라서 A가 뇌의 이야기를 믿는 것(혹은 믿지 않는 것)은 그가 동의하는가(혹은 보류하는가)에 의존하는 반면, 자기 자신의 개인적인 이야기에 관한한 에서는 당사자는 「동의를 하는」 어떠한 과정도 거칠 필요가 없다. 그리고 그 이야기에 대한 자신의 관계는 진실한 창조자와의 관계이다.

만약 당신이 A에게 「당신이 치통을 앓는다는 것이 사실인가?」라고 물었다면, 「A는 치통을 앓는다」라는 당신의 주장에 A의 동의를 무조건 요구하는지 아닌지를 묻는 것이 아니고, A의 경험이 「나는 치통을 앓는다」라는 A의 말에서 표현된 것에 무조건 동의하는지 않는지를 묻는 것이다.

11. 만약 나에게 주어진 예언을 내가 성취하기로 결정한다면, 그 결과는 더 이상 「논리적으로 막연하지 않다」.

―그것은 아주 큰 오해다. 문제는 만약 당신이 예언을 성취한다면, 당신이 예언을 믿는 것이 옳은가 옳지 않은가가 아니고 그 예언이 당신의 동의를 무조건 요구할 수 있는가 없는가이다.

만약 내가 차 한 잔을 마시기로 이미 결정하고 난 뒤에 내가 갈증을 느꼈고, 당신이 내가 차를 마실 거라고 예언한다면 나는 당신에게 동의해도 좋을 것이다. 그러나 이 사실만으로 내가 차를 마실 거라는 것이 필연적임을 증명하기에는 충분하지 못하다. 게다가 나의 동의를 무조건 요구하는 나의 미래의 행동에 관한 특정한 명세서가 지금 존재한다고 하기에는 충분하지 못하다.

그러한 주장을 수립하기 위해서 우리는 「당신이 예언을 알건 모르건 혹은 좋아하건 싫어하건 간에」라는 구절 속에 내포된 다양한 시험을 거쳐야 한다. 이러한 의미에서 필연적이라는 개념은 물리학에 있어서의 안정의 개념과 같은 것이다.

우리가 그릇의 바닥에 담긴 공을 「안정하다」는 말로 묘사할 때는 우리는 그것이 정지해 있다는 것 이상을 뜻하며, 만약 특별한 예로 약간의 동요가 발생하면 무엇이 발생했는가를 언급함으로써 우리가 뜻하는바 「안정」이라는 상태를 명시해야만 한다.

「자유」의 개념 자체에도 똑같은 점이 적용된다고 나는 생각한다. 이러저러한 여러 가지 환경에서 자유가 적용될 것이고, 혹은 적용되지 않을 것이라고 말함으로써 자유를 자세히 규명할 필요가 있다.

12. 당신은 자유에 관한 다른 이론들도 역시 책임이 감소됐다는 개념을 포함할 여지가 있다는 것을 인정하지 않는 것처럼 보인다.

—나의 주장은 실제로 그 반대이다. 즉 다른 자유론자의 이론은 신체의 활동이 완전히 기계적으로 설명될 수 있다고 생각될 때에는 걸핏하면 책임을 부인한다는 것이다.

다른 이론들이 인간의 책임을 부인하게 되는 특정한 근거는
가치가 없는 근거라고 나는 주장하고 싶다.

13. 그것이 「자유」의 새로운 개념인가?

—내가 지적하고 싶은 것은, 어떤 사람을 「자유롭다」고 부름
으로써 우리는 두 가지의 아주 다른 것 중의 하나를 의미할 것
이다. 즉 ⓐ 우리는 그의 행동이 다른 사람에 의해서 예언될
수 없다는 것을 의미한다. 나는 이것을 변덕스러운 자유라고
부른다. ⓑ 우리는 만약 어떤 사람이 스스로 결정을 하지 않으
면 결정이 이루어지지 않는다는 의미에서 그리고 그는 결정을
할 위치에 있고 만약 그가 결정을 알기만 하면, 필연적이라고
받아들이는 것이 옳고 또 부정할 수 없는 결과이고 그에 대한
완전한 결정적인 명세서는 없다는 의미에서 그의 결정의 결과
는 그 자신에게 달려있다는 것을 뜻한다.

14. 당신의 이론은 하나님이 항상 사람들에게 보내는 메시지에 대해, 그들이 어떻게 응할 것인가를 알고 있다는 성경의 가르침에 위배되는 것이 아닌가?

—내가 말한 논증 속에는 우리의 창조주인 하나님이 우리의
과거, 현재, 미래의 모든 세부사항을 알고 지배한다는 것을 부
인한 적은 결코 한 번도 없다.

내가 주장하는 것은 그 하나님의 「예지(豫知)」가 우리가 그의
예정을 알기만 하면 그 예정을 믿는 것이 옳다는 것이 아니라
는 것이다. 왜냐하면 우리에게는 (하나님과는 달리) 예정이 자체
모순을 수반하기 때문이다(8장을 보라).

15. 그러나 예수는 예언자들이 자기에 관해서 기록한 예언을 자기가 성취해야 한다는 것을 몰랐단 말인가?

—성서의 증거는 예수가 예언자들이 자신에 대해 묘사한 것을 자신에 대한 아버지의 뜻임을 실제로 알고 있었음을 암시하고 있으며, 그 뜻을 성취하는 것도 또 그가 자유로이 결정할 수 있다는 것을 암시한다.

그러나 그의 결정이 그가 선택한 결과에 대한 자신의 충실성과는 독립적임을 의미하는 것이 아니고 더구나 결정된 결과를 이미 고정되고 필연적인 것으로 간주했다면 자신이 옳았을 것임을 의미하지 않는다.

예언을 성취하도록 결정한다는 것이 그 예언을 한 결정자에게 논리적으로 결정적이거나 필연적이게 한다는 의미와는 같지 않다.

16. 당신의 전반적인 논증이 자유의지를 가질 로봇(인조인간)에게도 적용될 수 있는가?

—나의 논증은 인식능력이 있는 당사자, 즉 믿음을 옳게 혹은 그릇되게 품을 수 있는 의식적인 존재에 대해서 확실하게 그리고 유일하게 적용된다고 말하고 싶다.

만약 「로봇」이 인공적으로 만들어진 인식능력이 있는 당사자로 의미되지 않는다면, 나의 논증이 로봇에게는 적용될 수 없다. 인공적으로 만들어진 개인은 의식이 결코 있을 수 없다는 주장에 대한 성서의 어떠한 근거도 나는 모른다. 내가 말할 수 있는 것은 로봇이 의식능력이 있다고 주장하는 사람은 그것을 증명할 책임이 있다는 것이다. 로봇이 인간적인 면에서 우리가 설명할 수 있는 행동을 한다는 것만으로는 충분하지 못하다. 문제는, 믿음을 표현하는 상징을 복사할 수 있는 단순한 객체와는 분리되는 존재로서, 우리 앞에 그리고 우리를 의식하는 로봇의 존재 여부이다.

우리가 새겨두어야 할 근본적인 요점은 두뇌 혹은 계산기 같은 것은 「경험을 가지고」 있지 않다는 것이다. 경험을 가지고 있다는 말이 어울리는 것은 인간들―의식적인 당사자―에 한해서 그렇다. 언젠가 인간을 인공적으로 만드는(「창조하는」 것이 아님) 것이 가능할 것인가에 대한 공상 과학의 질문이 독단적으로는 해결될 수 없지만, 만약 그런 인간이 탄생된다면, 그것을 만드는 과정이 인공적이라는 사실로 해서 그것이 그 사람에 의해 취해진 결정론의 진위를 부여하는 결정적인 요소가 되어야 한다는 생각하지 않는다.

옮긴이의 말

이 책은 Donald M. Mackay 박사의 원저 『The Clockwork Image』—A Christian Perspective on Science, London: Inter-Varsity Press의 1974년판을 완역한 것이다.

과학에 대한 특별한 지식이나 소양도 없이 역자가 이 책을 번역하게 된 동기는 솔직하게 표현해서, 현대과학을 기독교의 입장에서 어떻게 이해해야 할 것인가 하는 과학적인 의구심이 었다. 이 책의 부록을 완전히 읽기 전까지는 역자 자신도 엄청난 정신적 혼란에 빠져있었다. 왜냐하면 인조인간, 즉 로봇에게도 인간의 의식작용과 「자유의지」가 적용되는 시대가 온다고할 때 그 시대를 상상했을 때 끔찍한 생각이 들었기 때문이다.

이제 그러한 기우는 사라지고 너무나 정반대인 기독교 유신론의 입장에서 현대과학을 이해하지 않으면 안 되겠다는 생각이 들었다. 즉 이 책은 기독교 유신론이 제시하는 우주의 모든 법칙이 완전무결하다는 것을 주장한다. 나는 기독교 신자의 입장에서 지극히 타당한 성서적 논리라고 기뻐하지만 그 전에 먼저 과학하는 사람들이나 신앙하는 사람들이 똑같이, 지금까지의 과학에 대한 전통적인 인식의 태도나 방법을 고치지 않으면 안 되겠다는 필요성을 깨닫게 되었다.

맥케이 박사는 이 책에서 과학적 사고의 범주 안에서 조작되는 어떠한 형상이라도 그것은 성서에 따른 신의 의지와 실재에는 도달하지 못할 것이라는 사고의 제한성을 솔직하게 시사했다.

　과학은 이 세상의 형상과 실재를 관찰, 실험, 분석하고 해명하며 계속 탐구할 수는 있으나, 이 세상의 형상과 실재 자체를 근본적으로 뜯어고치거나 만들어 내지는 못한다는 사실이다. 즉 과학이 아무리 발전하고 변한다 하더라도 그것은 이미 창조된 조작이지, 하늘과 땅과 바다와 태양, 그리고 물과 빛과 인간의 생명과 양심 같은 것을 만들어내지는 못한다.

　그러므로 과학은 기독교 신앙이 믿으려 하는 논리적인 신앙의 수준에서 볼 때, 어디까지나 과학적 사고의 형상과 모델들로써 사물들을 연구하고 발전시키는 것이지, 본래 우주의 모든 것을 창조하는 것은 아니다.

　올바른 과학적 사고의 발견을 위해서는 과학의 논리적인 선택들이 항상 배타적으로 작용될 수 있기 때문에, 그러한 사고의 모순과 갈등을 검토하고 조정할 사고의 원형이 요청되는 것이다.

　맥케이 박사는 그러한 논리적인 사고의 방법이 잘못되었을 때, 그것을 보다 더 좋은 사고의 형상으로 통합시키거나 이끌어줄 다른 차원의 기독교적 사고의 가능성을 배제하지 않는다. 그는 이 책에서 과학적 사고의 모순과 독단을 방지하기 위해, 다음과 같은 사고의 가치와 행동의 기준을 설정하는 것이 바람직하다고 부록에서 평가한다.

1. 과학적 사고는 기독교 신앙과 올바른 관계를 가질 것
2. 과학적 사고의 형상과 모델은 항상 두 개 이상의 논리적인 갈등이 있을 수 있다는 점을 감안할 것
3. 그러나 과학적 사고는 항상 잘된 사고의 선택을 위해 반성의 과적이 지속됨을 인식할 것

4. 과학적 사고가 기독교 신앙과 상반되었거나 그보다 우위에 있
   다는 논리로 해석함은 잘못된 것임

만약 이상의 논리적인 규칙들을 어기면 대부분은 자연의 실
체와 현상을 하나님이 창조하고 지배하는 것이 아니라, 자연의
법칙이 지배하는 것으로 착각하게 된다.

그러므로 과학은 어디까지나 형상을 조작하는 능력이나 기술
이지 형상의 창조나 원리는 아니다. 이 책이 가장 두드러지게
주장하는 점이 바로 기독교 유신론이 제시하는 인간과 우주에
대한 창조의 법칙이 완전무결하다는 것이다. 이 법칙을 위반했
을 때, 거기에는 우선 인간사고의 모순과 갈등이 생기고, 인간
행동의 불균형과 혼돈이 야기된다는 것이다.

이 세상의 모든 악과 비극적 요소(정치, 경제, 사회의 여러 문화
현상)는 이 창조의 법칙을 무시하거나 어겼을 때 생기는 잘못된
사고의 여러 현상이다. 그러므로 아무리 과학이 눈부시게 발전
하는 시대라 하더라도, 인간 자신의 사고와 가치의 변화를 올
바르게 통제하지 못하면, 거기에는 비인간화와 반문화, 그리고
반지성적인 가치의 혼란만이 나타나게 된다. 지금이 그런 시대
의 참상을 노골적으로 드러내 주고 있는 시대인지도 모른다.

어쨌든 인간은 살기 좋은 인간의 최적 환경(Best Environment)
을 건설하겠다는 핑계로, 과학만능주의를 부르짖고 과학기술을
극찬하기에 이르렀다. 그러나 이러한 메커니즘적 사고의 남용과
지나친 과학팽창주의는 인간의 존엄성과 가치를 무시하게 되었
고, 인간의 환경과 인간성 자체를 말살하는 인조인간(로봇)과 무
서운 살인도구(핵폭탄)까지 만들어 내게 되었다.

이 책은 그러한 과학적 사고의 오류와 남용을 방지하고, 인

184

류의 복된 미래사회를 건설할 참된 과학적 지식이 무엇인가를 알아보기 위해, 기독교 신앙의 입장에서 현대과학을 조명하고 비판해 본 것이다. 기독교인과 비기독교인들이 함께 읽고 연구해 볼 수 있는 과학적 사고의 훈련을 위한 보기 드문 양서라 하겠다.

이 책을 쓴 맥케이 박사는 킬(Keele)대학에서 재직했으며, 두뇌과학과 정보이론에서는 세계적인 권위 과학자이다. 그는 기독교 신앙과 과학이론에 관한 많은 책과 논문들을 저술했고, 이 책에 사용된 자료들은 주로 영국 BBC의 방송강의를 위해 준비했던 자료들이다.

이 책은 특히 기독교 신앙과 과학의 관계를 좀 더 깊고 바르게 이해하고 싶은 독자들에게는 유용한 참고가 되리라고 믿는다. 이 책은 역자가 부족하나마 앞으로도 계속 공부하고 싶은 방면이기 때문에, 역자 자신의 훈련이라는 생각에서 시리즈로 번역 출판하게 되었다. 이미 『과학정신과 기독교 신앙』(1980)이 1차로 번역되어 나왔다. 이 책들은 둘 다 한국에는 처음으로 소개되는 과학과 기독교 신앙에 대한 올바른 연구서들이다.

『The Clockwork Image』라는 원서의 제목을 가지고 오랫동안 씨름하던 끝에 『현대과학에 대한 기독교적 이해』라는 제목을 붙였는데, 독자들에게 어떻게 어필할지 자못 궁금한 생각이 든다.

끝으로 이 책이 『현대과학신서』의 한 자리를 차지할 수 있게 배려해 주신 손영수 사장님에게 심심한 사의를 드리며, 아울러 편집과정에서부터 끝까지 세심한 주의와 검토에 노고를 아끼지 않은 전파과학사 편집부 여러분에게도 감사를 드린다. 이 책을

대하는 독자들의 아낌없는 지도와 편달을 겸손하게 받아들이고
자 생각한다.

옮긴이

현대과학의 기독교적 이해

초판 1쇄 1981년 09월 20일
개정 1쇄 2019년 07월 11일

지은이 D. M. 맥케이
옮긴이 이창우
펴낸이 손영일
펴낸곳 전파과학사
주소 서울시 서대문구 증가로 18, 204호
등록 1956. 7. 23. 등록 제10-89호
전화 (02)333-8877(8855)
FAX (02)334-8092
홈페이지 www.s-wave.co.kr
E-mail chonpa2@hanmail.net
공식블로그 http://blog.naver.com/siencia

ISBN 978-89-7044-892-3 (03400)
파본은 구입처에서 교환해 드립니다.
정가는 커버에 표시되어 있습니다.

도서목록
현대과학신서

도서목록

BLUE BACKS